U0312655

“十二五”国家重点出版规划项目
雷达与探测前沿技术丛书

宽带雷达

Wideband Radar

龙腾　刘泉华　陈新亮　著

国防工业出版社
·北京·

内 容 简 介

本书从宽带雷达系统工程设计要求出发，提出了宽带雷达信号形式与波形设计方法，讨论了信号处理体制，分析了宽带雷达信号检测跟踪性能，确定了系统组成以及各部分的技术指标等关键问题。本书还专门讨论了宽带雷达系统的应用，针对宽带空间目标探测雷达、宽带雷达导引头以及宽带形变监测雷达等实例，介绍了设计原理、系统组成以及关键技术。

本书总结了作者多年高分辨力雷达系统理论研究及其相关的信号处理技术的研究成果，对于从事雷达研究工作的工程技术人员具有较高的使用价值。本书也可作为高等学校相关专业高年级本科生和研究生的教材或参考书。

图书在版编目(CIP)数据

宽带雷达 / 龙腾，刘泉华，陈新亮著. —北京：国防工业出版社，2017.12
（雷达与探测前沿技术丛书）
ISBN 978-7-118-11445-4

Ⅰ.①宽… Ⅱ.①龙… ②刘… ③陈… Ⅲ.①超宽带雷达-研究 Ⅳ.①TN95

中国版本图书馆 CIP 数据核字(2017)第 313591 号

※

国防工业出版社出版发行
（北京市海淀区紫竹院南路 23 号 邮政编码 100048）
天津嘉恒印务有限公司印刷
新华书店经售

*

开本 710×1000 1/16 **印张** 11¼ **字数** 172 千字
2017 年 12 月第 1 版第 1 次印刷 **印数** 1—3000 册 **定价** 49.00 元

国防书店：(010)88540777 发行邮购：(010)88540776
发行传真：(010)88540755 发行业务：(010)88540717

“雷达与探测前沿技术丛书”编审委员会

编辑委员会

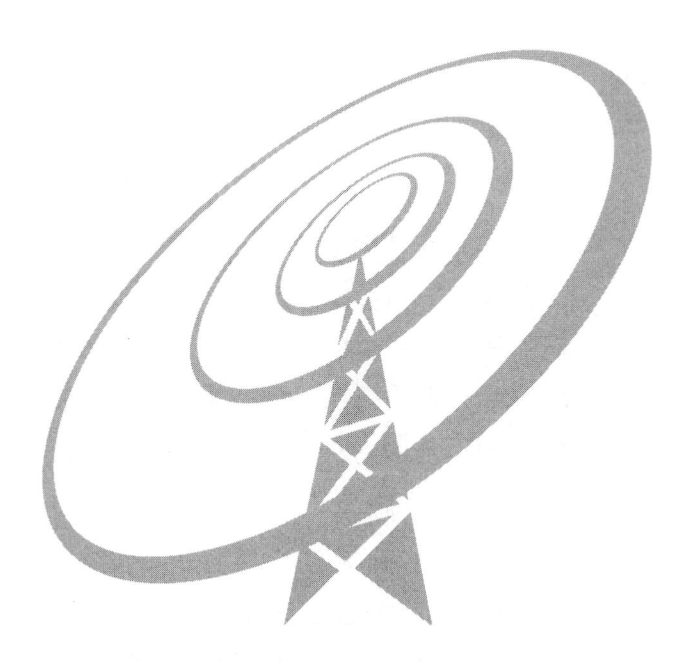

总　序

雷达在第二次世界大战中初露头角。战后,美国麻省理工学院辐射实验室集合各方面的专家,总结战争期间的经验,于1950年前后出版了一套雷达丛书,共28个分册,对雷达技术做了全面总结,几乎成为当时雷达设计者的必备读物。我国的雷达研制也从那时开始,经过几十年的发展,到21世纪初,我国雷达技术在很多方面已进入国际先进行列。为总结这一时期的经验,中国电子科技集团公司曾经组织老一代专家撰著了"雷达技术丛书",全面总结他们的工作经验,给雷达领域的工程技术人员留下了宝贵的知识财富。

电子技术的迅猛发展,促使雷达在内涵、技术和形态上快速更新,应用不断扩展。为了探索雷达领域前沿技术,我们又组织编写了本套"雷达与探测前沿技术丛书"。与以往雷达相关丛书显著不同的是,本套丛书并不完全是作者成熟的经验总结,大部分是专家根据国内外技术发展,对雷达前沿技术的探索性研究。内容主要依托雷达与探测一线专业技术人员的最新研究成果、发明专利、学术论文等,对现代雷达与探测技术的国内外进展、相关理论、工程应用等进行了广泛深入研究和总结,展示近十年来我国在雷达前沿技术方面的研制成果。本套丛书的出版力求能促进从事雷达与探测相关领域研究的科研人员及相关产品的使用人员更好地进行学术探索和创新实践。

本套丛书保持了每一个分册的相对独立性和完整性,重点是对前沿技术的介绍,读者可选择感兴趣的分册阅读。丛书共41个分册,内容包括频率扩展、协同探测、新技术体制、合成孔径雷达、新雷达应用、目标与环境、数字技术、微电子技术八个方面。

(一) 雷达频率迅速扩展是近年来表现出的明显趋势,新频段的开发、带宽的剧增使雷达的应用更加广泛。本套丛书遴选的频率扩展内容的著作共4个分册:

(1)《毫米波辐射无源探测技术》分册中没有讨论传统的毫米波雷达技术,而是着重介绍毫米波热辐射效应的无源成像技术。该书特别采用了平方千米阵的技术概念,这一概念在用于涉式阵列基线的测量结果来获得等效大口径阵列效果的孔径综合技术方面具有重要的意义。

（2）《太赫兹雷达》分册是一本较全面介绍太赫兹雷达的著作，主要包括太赫兹雷达系统的基本组成和技术特点、太赫兹雷达目标检测以及微动目标检测技术，同时也讨论了太赫兹雷达成像处理。

（3）《机载远程红外预警雷达系统》分册考虑到红外成像和告警是红外探测的传统应用，但是能否作为全空域远距离的搜索监视雷达，尚有诸多争议。该书主要讨论用监视雷达的概念如何解决红外极窄波束、全空域、远距离和数据率的矛盾，并介绍组成红外监视雷达的工程问题。

（4）《多脉冲激光雷达》分册从实际工程应用角度出发，较详细地阐述了多脉冲激光测距及单光子测距两种体制下的系统组成、工作原理、测距方程、激光目标信号模型、回波信号处理技术及目标探测算法等关键技术，通过对两种远程激光目标探测体制的探讨，力争让读者对基于脉冲测距的激光雷达探测有直观的认识和理解。

（二）传输带宽的急剧提高，赋予雷达协同探测新的使命。协同探测会导致雷达形态和应用发生巨大的变化，是当前雷达研究的热点。本套丛书遴选出协同探测内容的著作共10个分册：

（1）《雷达组网技术》分册从雷达组网使用的效能出发，重点讨论点迹融合、资源管控、预案设计、闭环控制、参数调整、建模仿真、试验评估等雷达组网新技术的工程化，是把多传感器统一为系统的开始。

（2）《多传感器分布式信号检测理论与方法》分册主要介绍检测级、位置级（点迹和航迹）、属性级、态势评估与威胁估计五个层次中的检测级融合技术，是雷达组网的基础。该书主要给出各类分布式信号检测的最优化理论和算法，介绍考虑到网络和通信质量时的联合分布式信号检测准则和方法，并研究多输入多输出雷达目标检测的若干优化问题。

（3）《分布孔径雷达》分册所描述的雷达实现了多个单元孔径的射频相参合成，获得等效于大孔径天线雷达的探测性能。该书在概述分布孔径雷达基本原理的基础上，分别从系统设计、波形设计与处理、合成参数估计与控制、稀疏孔径布阵与测角、时频相同步等方面做了较为系统和全面的论述。

（4）《MIMO 雷达》分册所介绍的雷达相对于相控阵雷达，可以同时获得波形分集和空域分集，有更加灵活的信号形式，单元间距不受 $\lambda/2$ 的限制，间距拉开后，可组成各类分布式雷达。该书比较系统地描述多输入多输出（MIMO）雷达。详细分析了波形设计、积累补偿、目标检测、参数估计等关键技术。

(5)《MIMO 雷达参数估计技术》分册更加侧重讨论各类 MIMO 雷达的算法。从 MIMO 雷达的基本知识出发，介绍均匀线阵，非圆信号，快速估计，相干目标，分布式目标，基于高阶累计量的、基于张量的、基于阵列误差的、特殊阵列结构的 MIMO 雷达目标参数估计的算法。

(6)《机载分布式相参射频探测系统》分册介绍的是 MIMO 技术的一种工程应用。该书针对分布式孔径采用正交信号接收相参的体制，分析和描述系统处理架构及性能、运动目标回波信号建模技术，并更加深入地分析和描述实现分布式相参雷达杂波抑制、能量积累、布阵等关键技术的解决方法。

(7)《机会阵雷达》分册介绍的是分布式雷达体制在移动平台上的典型应用。机会阵雷达强调根据平台的外形，天线单元共形随遇而布。该书详尽地描述系统设计、天线波束形成方法和算法、传输同步与单元定位等关键技术，分析了美国海军提出的用于弹道导弹防御和反隐身的机会阵雷达的工程应用问题。

(8)《无源探测定位技术》分册探讨的技术是基于现代雷达对抗的需求应运而生，并在实战应用需求越来越大的背景下快速拓展。随着知识层面上认知能力的提升以及技术层面上带宽和传输能力的增加，无源侦察已从单一的测向技术逐步转向多维定位。该书通过充分利用时间、空间、频移、相移等多维度信息，寻求无源定位的解，对雷达向无源发展有着重要的参考价值。

(9)《多波束凝视雷达》分册介绍的是通过多波束技术提高雷达发射信号能量利用效率以及在空、时、频域中减小处理损失，提高雷达探测性能；同时，运用相位中心凝视方法改进杂波中目标检测概率。分册还涉及短基线雷达如何利用多阵面提高发射信号能量利用效率的方法；针对长基线，阐述了多站雷达发射信号可形成凝视探测网格，提高雷达发射信号能量的使用效率；而合成孔径雷达(SAR)系统应用多波束凝视可降低发射功率，缓解宽幅成像与高分辨之间的矛盾。

(10)《外辐射源雷达》分册重点讨论以电视和广播信号为辐射源的无源雷达。详细描述调频广播模拟电视和各种数字电视的信号，减弱直达波的对消和滤波的技术；同时介绍了利用 GPS(全球定位系统)卫星信号和 GSM/CDMA(两种手机制式)移动电话作为辐射源的探测方法。各种外辐射源雷达，要得到定位参数和形成所需的空域，必须多站协同。

(三) 以新技术为牵引，产生出新的雷达系统概念，这对雷达的发展具有里程碑的意义。本套丛书遴选了涉及新技术体制雷达内容的 6 个分册：

(1)《宽带雷达》分册介绍的雷达打破了经典雷达5MHz带宽的极限，同时雷达分辨力的提高带来了高识别率和低杂波的优点。该书详尽地讨论宽带信号的设计、产生和检测方法。特别是对极窄脉冲检测进行有益的探索，为雷达的进一步发展提供了良好的开端。

(2)《数字阵列雷达》分册介绍的雷达是用数字处理的方法来控制空间波束，并能形成同时多波束，比用移相器灵活多变，已得到了广泛应用。该书全面系统地描述数字阵列雷达的系统和各分系统的组成。对总体设计、波束校准和补偿、收/发模块、信号处理等关键技术都进行了详细描述，是一本工程性较强的著作。

(3)《雷达数字波束形成技术》分册更加深入地描述数字阵列雷达中的波束形成技术，给出数字波束形成的理论基础、方法和实现技术。对灵巧干扰抑制、非均匀杂波抑制、波束保形等进行了深入的讨论，是一本理论性较强的专著。

(4)《电磁矢量传感器阵列信号处理》分册讨论在同一空间位置具有三个磁场和三个电场分量的电磁矢量传感器，比传统只用一个分量的标量阵列处理能获得更多的信息，六分量可完备地表征电磁波的极化特性。该书从几何代数、张量等数学基础到阵列分析、综合、参数估计、波束形成、布阵和校正等问题进行详细讨论，为进一步应用奠定了基础。

(5)《认知雷达导论》分册介绍的雷达可根据环境、目标和任务的感知，选择最优化的参数和处理方法。它使得雷达数据处理及反馈从粗犷到精细，彰显了新体制雷达的智能化。

(6)《量子雷达》分册的作者团队搜集了大量的国外资料，经探索和研究，介绍从基本理论到传输、散射、检测、发射、接收的完整内容。量子雷达探测具有极高的灵敏度，更高的信息维度，在反隐身和抗干扰方面优势明显。经典和非经典的量子雷达，很可能走在各种量子技术应用的前列。

(四) 合成孔径雷达(SAR)技术发展较快，已有大量的著作。本套丛书遴选了有一定特点和前景的5个分册：

(1)《数字阵列合成孔径雷达》分册系统阐述数字阵列技术在SAR中的应用，由于数字阵列天线具有灵活性并能在空间产生同时多波束，雷达采集的同一组回波数据，可处理出不同模式的成像结果，比常规SAR具备更多的新能力。该书着重研究基于数字阵列SAR的高分辨力宽测绘带SAR成像、极化层析SAR三维成像和前视SAR成像技术三种新能力。

(2)《双基合成孔径雷达》分册介绍的雷达配置灵活，具有隐蔽性好、抗干扰能力强、能够实现前视成像等优点，是SAR技术的热点之一。该书较为系统地描述了双基SAR理论方法、回波模型、成像算法、运动补偿、同步技术、试验验证等诸多方面，形成了实现技术和试验验证的研究成果。

(3)《三维合成孔径雷达》分册描述曲线合成孔径雷达、层析合成孔径雷达和线阵合成孔径雷达等三维成像技术。重点讨论各种三维成像处理算法，包括距离多普勒、变尺度、后向投影成像、线阵成像、自聚焦成像等算法。最后介绍三维MIMO-SAR系统。

(4)《雷达图像解译技术》分册介绍的技术是指从大量的SAR图像中提取与挖掘有用的目标信息，实现图像的自动解译。该书描述高分辨SAR和极化SAR的成像机理及相应的相干斑抑制、噪声抑制、地物分割与分类等技术，并介绍舰船、飞机等目标的SAR图像检测方法。

(5)《极化合成孔径雷达图像解译技术》分册对极化合成孔径雷达图像统计建模和参数估计方法及其在目标检测中的应用进行了深入研究。该书研究内容为统计建模和参数估计及其国防科技应用三大部分。

(五) 雷达的应用也在扩展和变化，不同的领域对雷达有不同的要求，本套丛书在雷达前沿应用方面遴选了6个分册：

(1)《天基预警雷达》分册介绍的雷达不同于星载SAR，它主要观测陆海空天中的各种运动目标，获取这些目标的位置信息和运动趋势，是难度更大、更为复杂的天基雷达。该书介绍天基预警雷达的星星、星空、MIMO、卫星编队等双/多基地体制。重点描述了轨道覆盖、杂波与目标特性、系统设计、天线设计、接收处理、信号处理技术。

(2)《战略预警雷达信号处理新技术》分册系统地阐述相关信号处理技术的理论和算法，并有仿真和试验数据验证。主要包括反导和飞机目标的分类识别、低截获波形、高速高机动和低速慢机动小目标检测、检测识别一体化、机动目标成像、反投影成像、分布式和多波段雷达的联合检测等新技术。

(3)《空间目标监视和测量雷达技术》分册论述雷达探测空间轨道目标的特色技术。首先涉及空间编目批量目标监视探测技术，包括空间目标监视相控阵雷达技术及空间目标监视伪码连续波雷达信号处理技术。其次涉及空间目标精密测量、增程信号处理和成像技术，包括空间目标雷达精密测量技术、中高轨目标雷达探测技术、空间目标雷达成像技术等。

(4)《平流层预警探测飞艇》分册讲述在海拔约20km的平流层，由于相对风速低、风向稳定，从而适合大型飞艇的长期驻空，定点飞行，并进行空中预警探测，可对半径500km区域内的地面目标进行长时间凝视观察。该书主要介绍预警飞艇的空间环境、总体设计、空气动力、飞行载荷、载荷强度、动力推进、能源与配电以及飞艇雷达等技术，特别介绍了几种飞艇结构载荷一体化的形式。

(5)《现代气象雷达》分册分析了非均匀大气对电磁波的折射、散射、吸收和衰减等气象雷达的基础，重点介绍了常规天气雷达、多普勒天气雷达、双偏振全相参多普勒天气雷达、高空气象探测雷达、风廓线雷达等现代气象雷达，同时还介绍了气象雷达新技术、相控阵天气雷达、双/多基地天气雷达、声波雷达、中频探测雷达、毫米波测云雷达、激光测风雷达。

(6)《空管监视技术》分册阐述了一次雷达、二次雷达、应答机编码分配、S模式、多雷达监视的原理。重点讨论广播式自动相关监视(ADS-B)数据链技术、飞机通信寻址报告系统(ACARS)、多点定位技术(MLAT)、先进场面监视设备(A-SMGCS)、空管多源协同监视技术、低空空域监视技术、空管技术。介绍空管监视技术的发展趋势和民航大国的前瞻性规划。

(六) 目标和环境特性，是雷达设计的基础。该方向的研究对雷达匹配目标和环境的智能设计有重要的参考价值。本套丛书对此专题遴选了4个分册：

(1)《雷达目标散射特性测量与处理新技术》分册全面介绍有关雷达散射截面积(RCS)测量的各个方面，包括RCS的基本概念、测试场地与雷达、低散射目标支架、目标RCS定标、背景提取与抵消、高分辨力RCS诊断成像与图像理解、极化测量与校准、RCS数据的处理等技术，对其他微波测量也具有参考价值。

(2)《雷达地海杂波测量与建模》分册首先介绍国内外地海面环境的分类和特征，给出地海杂波的基本理论，然后介绍测量、定标和建库的方法。该书用较大的篇幅，重点阐述地海杂波特性与建模。杂波是雷达的重要环境，随着地形、地貌、海况、风力等条件而不同。雷达的杂波抑制，正根据实时的变化，从粗犷走向精细的匹配，该书是现代雷达设计师的重要参考文献。

(3)《雷达目标识别理论》分册是一本理论性较强的专著。以特征、规律及知识的识别认知为指引，奠定该书的知识体系。首先介绍雷达目标识别的物理与数学基础，较为详细地阐述雷达目标特征提取与分类识别、知识辅助的雷达目标识别、基于压缩感知的目标识别等技术。

(4)《雷达目标识别原理与实验技术》分册是一本工程性较强的专著。该书主要针对目标特征提取与分类识别的模式，从工程上阐述了目标识别的方法。重点讨论特征提取技术、空中目标识别技术、地面目标识别技术、舰船目标识别及弹道导弹识别技术。

（七）数字技术的发展，使雷达的设计和评估更加方便，该技术涉及雷达系统设计和使用等。本套丛书遴选了3个分册：

(1)《雷达系统建模与仿真》分册所介绍的是现代雷达设计不可缺少的工具和方法。随着雷达的复杂度增加，用数字仿真的方法来检验设计的效果，可收到事半功倍的效果。该书首先介绍最基本的随机数的产生、统计实验、抽样技术等与雷达仿真有关的基本概念和方法，然后给出雷达目标与杂波模型、雷达系统仿真模型和仿真对系统的性能评价。

(2)《雷达标校技术》分册所介绍的内容是实现雷达精度指标的基础。该书重点介绍常规标校、微光电视角度标校、球载BD/GPS(BD为北斗导航简称)标校、射电星角度标校、基于民航机的雷达精度标校、卫星标校、三角交会标校、雷达自动化标校等技术。

(3)《雷达电子战系统建模与仿真》分册以工程实践为取材背景，介绍雷达电子战系统建模的主要方法、仿真模型设计、仿真系统设计和典型仿真应用实例。该书从雷达电子战系统数学建模和仿真系统设计的实用性出发，着重论述雷达电子战系统基于信号/数据流处理的细粒度建模仿真的核心思想和技术实现途径。

（八）微电子的发展使得现代雷达的接收、发射和处理都发生了巨大的变化。本套丛书遴选出涉及微电子技术与雷达关联最紧密的3个分册：

(1)《雷达信号处理芯片技术》分册主要讲述一款自主架构的数字信号处理(DSP)器件，详细介绍该款雷达信号处理器的架构、存储器、寄存器、指令系统、I/O资源以及相应的开发工具、硬件设计，给雷达设计师使用该处理器提供有益的参考。

(2)《雷达收发组件芯片技术》分册以雷达收发组件用芯片套片的形式，系统介绍发射芯片、接收芯片、幅相控制芯片、波速控制驱动器芯片、电源管理芯片的设计和测试技术及与之相关的平台技术、实验技术和应用技术。

(3)《宽禁带半导体高频及微波功率器件与电路》分册的背景是，宽禁带材料可使微波毫米波功率器件的功率密度比Si和GaAs等同类产品高10倍，可产生开关频率更高、关断电压更高的新一代电力电子器件，将对雷达产生更新换代的影响。分册首先介绍第三代半导体的应用和基本知识，然后详细介绍两大类各种器件的原理、类别特征、进展和应用：SiC器件有功率二极管、MOSFET、JFET、BJT、IBJT、GTO等；GaN器件有HEMT、MMIC、E模HEMT、N极化HEMT、功率开关器件与微功率变换等。最后展望固态太赫兹、金刚石等新兴材料器件。

本套丛书是国内众多相关研究领域的大专院校、科研院所专家集体智慧的结晶。具体参与单位包括中国电子科技集团公司、中国航天科工集团公司、中国电子科学研究院、南京电子技术研究所、华东电子工程研究所、北京无线电测量研究所、电子科技大学、西安电子科技大学、国防科技大学、北京理工大学、北京航空航天大学、哈尔滨工业大学、西北工业大学等近30家。在此对参与编写及审校工作的各单位专家和领导的大力支持表示衷心感谢。

王小谟

2017年9月

前 言

随着雷达技术的发展，人们不仅希望从雷达回波中获取目标的位置信息，还期望确切知道是什么样的目标。通常用窄带雷达来检测和跟踪目标，并对目标的运动参数进行粗略的估计。然而，窄带雷达的距离分辨力低，虽然具有在工程上易于实现、数据量小等优点，但是由于窄带雷达缺乏获取目标高分辨距离像的能力，不能直接测量目标的长度等几何参数，因而难以获得足够多的目标特征信息，无法进一步对目标进行有效的分类和识别，不能满足现代雷达系统探测与识别的需求。

要想获得目标的更多信息，就要求雷达具有更高的距离分辨能力，需要采用更大的系统带宽。相对于窄带雷达，宽带雷达的显著特点是高距离分辨力，它使目标回波覆盖多个距离分辨单元，可区分目标的各个散射点。宽带雷达可以提供更丰富的特征信息用于目标识别，例如高分辨一维距离像、二维距离像、微动信息等。

此外，宽带雷达还有许多窄带雷达所不具备的其他优点：具有优良的抗干扰能力，其宽频带特性使干扰机需要更宽的干扰频率和更大的功率；具有良好的抗杂波性能，可降低杂波强度，使杂波区出现很多无杂波和低杂波区，进而实现目标在杂波中的检测；允许更多更先进的信号处理算法用于实时距离多普勒成像、相位导出测距等。

本书将围绕宽带雷达，对其系统理论、信号处理及应用进行综合介绍，阐述现有宽带信号的基本理论和信号处理方法，重点介绍宽带雷达研究领域近年来的新成果和新发展。首先回顾宽带雷达的发展历史，指出宽带雷达的优势和面临的问题；接下来建立雷达宽带信号分辨理论，介绍宽带雷达信号的产生与采集技术，并对线性调频信号和频率步进信号两种常见宽带信号的处理方法进行讨论；最后阐述宽带雷达信号长时间积累、宽带雷达检测跟踪、宽带雷达微动测量等前沿技术，并简要介绍宽带雷达系统及关键技术在军用、民用等领域的应用情况。

本书面向对象主要为从事雷达技术研究和生产的技术人员、雷达使用人员，以及高等学校电子信息工程、信号与信息处理、电路与系统等专业的高年级本科生和研究生，希望本书的编写能为他们的学习和工作有所帮助。

在本书的撰写过程中，毛二可院士对本书的章节内容给予了悉心指导，王小谟院士在百忙之中承担了本书的审校工作，李阳、姚迪、胡程、丁泽刚、胡善清、李枫老师在本书的撰写过程中提供了大量帮助，在此表示衷心的感谢。

由于作者水平有限，书中难免存在疏漏与不妥之处，敬请读者批评指正。

龙腾

2017 年 9 月

目　录

第1章 绪论

雷达是英文单词“Radar”的音译，其原义是无线电探测与测距(Radio Detection And Ranging)。因此在“雷达”一词出现之前，美国海军实验室把相关设备叫作“无线电探测与测距设备”。后来，该实验室弗思(F. R. Furth)少校和塔克(S. M. Tucker)少校提出将“Radio Detection and Ranging”简写为“radar”，1940 年 11 月 19 日海军上将斯塔克(H. R. Stark)签署公文正式使用“Radar”一词。此官方命名很快被推广，1943 年“Radar”一词在国际上被正式采纳。当然，现代雷达的功能远比它的原义所反映的无线电探测与测距复杂得多。

雷达的诞生是基于人们对电磁波认识的不断深化。1864 年，经典电磁理论的创始人英国物理学家麦克斯韦(James Clerk Maxwell，1831—1879)天才地预言了电磁波的存在[1]，他还计算出了电磁波的传播速度为光速。1886 年和 1887 年间，赫兹(Heinrich Rudolf Hertz，1857—1894)通过实验证明了电磁波的存在，以光速传播，并可以被金属和介电体反射[2]。20 世纪初，电磁波开始应用于通信领域，无线电通信技术发展起来，其中得到广泛应用的大功率电子管技术为雷达的产生奠定了技术基础。

1904 年，为了海上导航的需要，德国工程师克里斯蒂安·赫尔斯梅尔(Christian Hülsmeyer，1881—1957)发明了“电动镜”，并在多个国家申请了专利。“电动镜”是一种利用无线电回波来探测金属物体的装置，可防止船舶、火车相撞。赫尔斯梅尔所开发的系统是雷达的雏形，但是功能十分有限，并没有获得商业上的成功。

人们普遍认为真正具有实用价值的雷达诞生于英国。1935 年，英国无线电专家沃特森·瓦特(Robert Watson Watt，1892—1973，“蒸汽机之父”詹姆斯·瓦特的后代)偶然发现荧光屏上出现了一连串明亮的光点，最终弄清楚这些光点实际上是被实验室附近一座大楼反射的无线电回波信号。当年 2 月，他发表了题为《利用无线电方法检测和定位飞机》的论文，随后组织了实验验证,使用英国广播公司(BBC)在达文特里(Daventry)的无线电广播发射机,在距其 9km 处放置接收机,最终连接接收机的示波器成功探测到了飞机目标[3]。

雷达技术发展初期主要面临两个问题:一是受限于当时的无线电技术需要进一步提高发射功率;二是需要提高系统的工作频率。当时的无线电通信在短波波段工作,载波频率只有几至几十兆赫(MHz)。由于短波频率低,而雷达天线尺寸受到限制,所以波束很宽,当时的雷达没有测角能力,只能对目标进行检测和测距,这也是"雷达" 原义的由来。

雷达技术不仅最早在英国得到广泛应用,还在第二次世界大战中为保护英国对抗法西斯做出了历史性贡献。1939 年 9 月第二次世界大战爆发时,英国已在东海岸建立起了一个由 21 个地面雷达站组成的"本土链"(Chain Home)雷达网。在"不列颠战役"(Battle of Britain)中,英国正是靠"本土链" 为自己赢得了 20min 宝贵的预警时间,以约 900 架战斗机抵挡住了德国 2600 余架飞机的进攻。

日军偷袭珍珠港后,美国在战争需求的推动下集中力量发展雷达技术,贝尔实验室就有数千名科学家研究相关技术。1935 年 A. L. Samuel 最早研制出多腔磁控管的模型,1939 年布特(H. A. H. Boot)和兰德尔(J. T. Randall)研制成了完全达到实用标准的磁控管。磁控管是一种功率大、效率高的电真空器件,它的体积小,可以部署到飞机、舰船上,从而促进了雷达在军事上的广泛应用。

早期的雷达是非相参的,只能利用单个脉冲检测目标。第二次世界大战末期出现了一种接收相参的动目标显示(MTI)雷达,可根据相邻发射 - 接收周期的回波相位变化来区别运动目标与杂波,将回波信号周期相减,利用运动目标和杂波源对雷达的不同径向速度所引起的两者多普勒频率的差别,在强杂波中检测动目标。这种系统的改善因子有限,增益在 20dB 以内,对抑制杂波有一定效果,但由于发射机频率不稳定、定向误差大等不足,增益难以进一步提高。20 世纪 50 年代美国发展了全相参雷达,采用放大式发射机,通过晶体振荡器产生低频信号经过倍频放大,实现微波波段电磁波的大功率辐射。这一阶段相继出现了行波管、反波管等模型,各种大功率电子器件迅速发展。在此基础上,美国研制了脉冲多普勒(PD)雷达,利用多个相继脉冲周期的目标回波相位变化,获得多普勒频率分辨能力,从而更有效地抑制杂波和高精度测量目标速度。

20 世纪 50 年代中期,美国又研制出了相控阵雷达。该雷达采用由许多辐射单元排列而成的阵列天线,按一定规律控制各个单元的相位差,利用电磁波的干涉现象控制波束的方向。这种设计有别于机械扫描的雷达天线，可以减少或完全避免使用机械马达驱动雷达天线，便可达到覆盖较大侦测范围的目的。

相控阵雷达又称电子扫描雷达，特征是以电子方式控制波束指向。与机械扫描雷达相比，它能快速切换波束方向，可同时搜索、探测和跟踪不同方向和不同高度的多批目标。相控阵雷达具有相当密集的天线阵列单元，每个单元可以有自己的发射机，因此该种雷达可以拥有大功率孔径积。相控阵波束的切换则可以通过相位或者频率扫描阵列实现。相比于机械扫描雷达，相控阵雷达具有功能多、机动性强、反应时间短、数据率高、抗干扰能力强及可靠性高等突出优势[4]。

相控阵雷达技术为解决稳定跟踪多批高速目标、观测隐身或小型目标、在强干扰条件下工作、目标分类识别等诸多问题提供了很大的技术潜力，因此其发展受到了国内外的普遍重视[5]。目前，相控阵雷达技术已广泛应用于几乎所有类型的雷达。

1.1　宽带雷达系统概述

1.1.1　宽带雷达信号

宽带雷达的显著特点是高距离分辨力，距离分辨力与信号带宽的倒数有关。通常认为宽带和窄带信号是相对的，宽带信号并没有统一、严格的定义。在雷达领域，更多地采用相对带宽来区分宽窄带信号。相对带宽指信号带宽与其中心频率之比。若信号带宽为 B，载波频率为 f，当相对带宽 B/f 大于10% 时，就认为是宽带信号。另外，对于超宽带信号，美国联邦通信委员会(FCC)在 2002 年给出了严格的定义，即信号的相对带宽大于或等于 20%，或者 -10dB 带宽大于或等于 500MHz。

常见的宽带雷达信号是线性调频信号。未经过调制的简单信号的距离分辨力与脉宽有关，为了获得高距离分辨能力，则需要发射窄脉宽，从而牺牲了作用距离的性能。1953 年，罗伯特·迪克(R. H. Dicke)首次提出采用线性调频(LFM)信号(Chirp 信号)实现脉冲压缩[6]的方法。在线性调频信号的脉冲持续时间内，载频随着时间线性变化。这种时宽带宽积大于 1 的信号，有效地解决了距离分辨力与信号能量之间的矛盾，是雷达最常用的信号形式。而为了实现上百兆赫甚至几吉赫(GHz)带宽的线性调频信号直接数字化，需要超高速的模/数转换器(ADC)。卡普蒂(W. J. Caputi)提出了宽带线性调频信号去斜处理方法，利用一个与发射信号调频斜率相同但时宽大于发射脉冲时宽的本振信号与回波信号进行混频,然后取下边带滤波并将结果进行傅里叶变换,从而完成时间信息到频率信息的转换[7]。该技术可以大大降低ADC采样频率的要求,没有距离分辨力损失,去斜处理可用于单一目标或分布于相对较小的距离窗内的多个目标[8]。但是,由于触发抖动及接收通道各频率幅相一致性问题,去斜处理容易造成目标回波脉冲间不相参,难以获得目标的多普勒信息,不利于长时间积累。

另一种宽带信号波形是频率步进信号。这是一种重要的距离高分辨雷达信号,它利用序贯发射的多个频率线性步进的等宽度脉冲或子脉冲,通过合成脉冲压缩处理得到高分辨距离像。该信号具有瞬时窄带但可获得较大的合成带宽的特点,还可以对每个频率分别进行幅相校正,避免信号的失真。对多帧频率步进信号进行多普勒处理,可以获得较高的多普勒分辨力,在此基础上再进行合成宽带处理,可实现距离-多普勒的二维高分辨像。频率步进信号的这种二维高分辨能力在振动测量、目标识别、抗干扰方面具有很大优势。

1.1.2 宽带相控阵雷达

宽带相控阵雷达的发展起源于对空间目标观测的需求。空间目标主要包括人造卫星(含空间站、飞船等)、空间碎片、弹道导弹等。由于空间目标距离较远,地基雷达首先需要较大的探测距离,一般范围为1000~5000km;为了对卫星和空间碎片成像、区分多目标,空间目标探测雷达通常还需要很大的信号带宽以获得高距离分辨力。另外,为了在大空域范围内进行探测,空间目标探测雷达还应该具有快速波束扫描和波束形成能力以及多目标检测和跟踪能力。

远作用距离、高分辨力、多目标探测等功能正是宽带相控阵雷达的基本特征。与机扫雷达相比,相控阵雷达大大提高了对多目标、目标群、高速目标、远距离目标的探测能力;与窄带雷达相比,宽带雷达获得距离高分辨力有效提高了雷达性能,可以提供更多的目标信息,有助于对目标进行分类和识别。相控阵技术和宽带雷达技术的结合提供了优越的功能,能满足对当代雷达提出的许多新要求。

世界上首部宽带相控阵雷达是1976年投入运行、部署在美国阿拉斯加的"丹麦眼镜蛇"(Cobra Dane)。此雷达由雷声公司研制,林肯实验室参与了指标和方案设计,并对雷达获取的数据进行处理。该雷达设计之初的主要任务是收集苏联弹道导弹的数据,其工作在L波段,相控阵天线直径29m,宽带波形脉宽1ms,瞬时带宽200MHz。另一部类似功能的雷达是"朱迪眼镜蛇"(Cobra Judy),它是一部舰载S波段宽带相控阵雷达,天线口径9m,瞬时视场

45°。“丹麦眼镜蛇”“朱迪眼镜蛇”这两部宽带相控阵雷达在宽带雷达弹道导弹防御（BMD）架构演进过程中具有重要作用，它们的研制成功标志了相控阵雷达宽带宽角扫描、自动目标识别、数据收集等技术的突破[5-12]。

此后，美军又研制了诸如 AN/SPY－1 宙斯盾舰载 S 波段相控阵雷达，以及 GBR－P（P 波段地基雷达）、SBX（海基 X 波段）、THAAD（末段高空区域防御）等地基雷达（GBR）系列 X 波段宽带相控阵地基雷达，它们在宽带相控阵雷达领域里声名赫赫，代表了当前相控阵技术的先进水平。

1.2　宽带雷达的优势与问题

宽带雷达的显著特点是高距离分辨力，这取决于大的工作带宽。通常宽带雷达工作在高的频率，宽带波形更容易实现。高距离分辨力使得目标回波覆盖多个距离分辨单元，可区分目标的各个散射点。例如，针对一个弹道导弹弹头目标，高分辨一维距离像可以展现出弹头、弹体、弹底的回波。而窄带雷达通常用于跟踪和运动粗略估计，缺少足够的距离分辨力去直接测量目标长度等信息。此外，宽带雷达允许更多更先进的信号处理算法用于实时距离多普勒成像、相位导出测距、目标识别等。其中，成本和设计约束是增加雷达带宽的主要难点[13]。

宽带信号不仅可以用于识别，还可以用于检测和跟踪。雷达研究人员很早就认识到在杂波和干扰环境下，使用宽带信号可以提高雷达检测、跟踪性能。然而，这种优势的发挥受阻于信号处理复杂、雷达作用距离减小、某些场景多散射点跟踪精度下降等因素。当前，数字处理技术的发展使人们可以重新仔细评估目标的宽带检测、跟踪等诸多性能[14,15]。

下面将从检测、参数测量等方面探讨宽带雷达存在的优势及其面临的问题。

1.2.1　宽带雷达检测性能

对于雷达常用的窄带信号，目标尺寸远小于距离分辨单元。因此，窄带雷达信号检测问题为经典目标检测问题，其检测性能主要取决于点目标雷达散射截面积（RCS）起伏以及 RCS 的概率分布。通常使用斯威林（Swerling）、对数正态或者其他分布来作为 RCS 起伏的简化模型，分析检测性能。

对于宽带信号，目标变成延展目标。目标回波能量分散到更多的距离分辨单元上，因此单个距离单元上的信噪比会变低。检测延展目标意味着需要对后向散射信号进行非相参积累。RCS 起伏经过非相参积累后会显著减小。

因此,在高检测概率下,宽带检测性能可优于窄带。目标尺寸增大,则非相参积累损失会增加,而起伏损失却没有明显减小。因此一般认为500MHz、1GHz带宽仅用于非常小尺寸的目标[15]。宽带检测理论和算法的相关研究成果,不像窄带检测理论和方法那样成熟和被广泛接受。

对于杂波下的目标检测,通常采用高分辨力雷达。宽带雷达由于杂波分辨单元面积减小,杂波强度降低;同时由于距离分辨力的提高,杂波所占距离单元数减少,从而在杂波区中出现很多无杂波或低杂波区,这都对检测目标有利。但是,目标回波的高分辨一维距离像中各个反射中心分裂开,不利于目标检测。美国著名雷达专家斯科尔尼克(Skolnik)认为,"由于许多目标倾向于由一个或几个大的散射物以及许多小散射物组成,这用高分辨力检测时可检测性下降也是微小的。最大分辨单元和周围单元的回波仍然会有大的值,可以进行适当的检测""目标分裂,不一定会造成可检测性的严重下降,用高分辨力降低杂波依然是一个好的策略"[8]。高分辨雷达对海杂波会产生海尖峰回波,使杂波概率密度函数为非瑞利的,增加了虚警概率,这对检测目标是不利的。但是随着雷达距离分辨力提高,海尖峰出现的时间比例降低。Skolnik认为:"海尖峰的影响对于探测船只的雷达并不重要,因为船的雷达横截面比海尖峰要大得多。然而海尖峰会对像浮标、游泳者、潜水艇的潜望镜、碎片以及小船等目标的检测造成困难,检测这类小目标需要采用高分辨力雷达(超宽带雷达)。超宽带雷达的距离分辨力可能仅几厘米,那么海尖峰在时间和空间上都非常稀疏。因此当小目标落于尖峰杂波之间时,应该可以发现。"[8]

1.2.2 宽带雷达测量性能

根据模糊函数理论,点目标的距离测量精度随着信号带宽而提高,目标距离跟踪的性能也可随之提高。根据文献[15]分析,信号带宽由1MHz提高到80MHz,测距精度可以提升24倍(具体数值与信噪比有关)。

宽带信号可以抑制角闪烁效应。角闪烁通常发生在复杂目标上,具有多个散射中心的目标会引起角闪烁而降低跟踪性能。如果雷达具有足够高的距离分辨力,能够分开同一目标的多个散射点,角闪烁就不会产生。因此,相对于传统的低分辨力雷达,高距离分辨力系统的角跟踪精度和距离跟踪精度将得到提高[8]。

雷达多采用单脉冲技术进行角度测量。宽带雷达会造成目标回波能量被分散,且噪声功率增大,信噪比降低,给角度测量带来不利影响。由于宽带雷达距离测量精度远高于角度测量精度,角度测量误差是限制宽带跟踪雷达目标跟踪的主要因素,因此需要研究充分利用多个散射点蕴含的信息获得关于目标角度联合估计的方法。此外,单脉冲测角的 S 曲线是频率的函数,对于宽带信号而言,不同频率对应的 S 曲线并不相同,导致等效宽带 S 曲线零值深度变浅,测角精度恶化。

低仰角跟踪目标由于多径信号的影响,能够造成仰角方向很大的测量误差,导致目标丢失。多径信号传播路径大于直接入射信号。因此在某些情况下,采用高距离分辨波形可以将它们分开,通过仅跟踪直达波信号就可避免多径引起的角误差。但对于掠海飞行的目标,要消除多径信号的影响所需要的带宽太宽,可能无法在大多数实际应用的雷达中实现[8]。

对于目标速度测量,若使用距离差分方式测速,显然宽带雷达精度会比窄带要好。美国于 20 世纪 70 年代提出了基于相位测距的窄带游标测距技术。随后,在窄带游标测距概念的基础上进行改进,提出了相位导出测距(PDR)技术。该技术的核心是测量运动目标的相位变化量,从而获得目标准确的运动距离信息。该技术关键在于用宽带包络距离估计(WBER)去解相位模糊,获得相继脉冲之间相位增量的整周数,然后与测量的模糊相位一起,获得准确的相位增量,并转化为距离增量。相比于包络测距,PDR 技术的精度有数量级的提升。PDR 要求发射信号是宽带信号。这是由于宽带信号具有高的距离分辨力,能够将散射点分开,并且包络测距精度较高,可以用于解相位模糊。倘若使用窄带信号,其回波相位是目标本身多个散射点的合成相位,在帧间或者脉冲间并不稳定,因此从理论上就难以利用该相位信息进行测量。

1.2.3　宽带雷达跟踪性能

在跟踪方面,宽带雷达可获得更高的观测精度和更丰富的目标信息,理论上可以大幅度提高跟踪正确率和跟踪精度。但是,宽带雷达信号也给目标跟踪带来了新的技术问题。宽带情况下,目标延展为空间分布的多个散射中心,导致雷达的信噪比降低,漏检增多。信号带宽增大,雷达距离分辨单元尺寸减小,导致单位空间体积内的虚警密度增大,干扰目标跟踪。对于宽带雷达而言,由于虚警密度增大和检测信噪比降低,对跟踪中的数据关联模块的性能提出了更高的要求。宽带雷达获取了关于目标散射中心数量、结构等信息,而如何充分利用这些信息进一步提高关联、滤波的性能,仍然是需要研究和解决的技术问题。

目前,窄带雷达跟踪方面已经有大量成熟的数据处理方法,而宽带雷达目标跟踪的理论体系尚未建立。使用宽带波形在理论上能够为雷达跟踪提供帮助,但是获取这些性能的提升依赖于数据处理算法对传感器信息的挖掘。在实际雷达系统应用中,如果不能够合理、有效地使用观测信息,不仅无法提升性能,反而会受制于宽带场景高虚警、低信噪比的特点造成目标大量丢失,致使雷达无法正常工作。

1.2.4 宽带信号识别性能

窄带信号可以用来识别的特征包括:运动调制谱、极化散射分量、回波幅度、目标运动轨迹等。

宽带信号可以提供更为丰富的特征信息用以目标识别,例如高分辨一维距离像、二维逆合成孔径雷达(ISAR)像、微动信息等。此外,高距离分辨力可用来对密集编队飞行的目标进行架次识别。

1.2.5 宽带雷达抗干扰性能

对于宽带信号,干扰机须将干扰功率分配在更大的带宽上。带宽越大,则要求干扰机的发射功率越大。宽带信号也可以用来识别和对抗一些类型的欺骗性对抗措施,使对方的电子对抗措施效力降低。宽带雷达抗截获性能也优于窄带。

1.3 本书内容安排

本书将围绕宽带雷达,综合介绍其系统理论、信号处理及应用。全书用较少篇幅阐述现有宽带信号的基本理论和信号处理方法,侧重于介绍宽带雷达研究领域近年来的新成果和新发展。

第1章绪论。回顾了宽带雷达发展历史,引出了宽带的优势和面临的问题。

第2章宽带雷达信号形式与波形设计。简要论述了宽带模糊函数与宽带分辨理论,并介绍常见的线性调频信号、频率步进信号等宽带雷达信号波形及处理方法。

第3章线性调频信号处理。首先分析了线性调频信号匹配滤波与去斜两种处理方法的信噪比,统合了关于去斜后信噪比的两种对立观点。大带宽线性调频信号直接采样后难以进行实时脉压处理,本章介绍了基于子带脉压处理和多子脉冲处理两种并行计算的方法,改善其实时性能。针对宽带相控阵雷达存在宽带宽角扫描问题,讨论了线性调频信号子阵数字去斜处理的新方法。

第4章频率步进信号处理。频率步进信号目前已在国内外雷达系统中获得了广泛应用,国内尚未有专门的书籍进行讨论。本章旨在全面、系统地介绍频率步进信号处理的主要理论和技术,包括逆快速傅里叶变换(IFFT)方法、时域频域合成法、时频处理法等。频率步进信号作为一种宽带信号形式,把频率步进信号与有源相控阵和数字波束形成技术相结合,可以为宽带相控阵雷达提供新的技术实现方案。本章将其作为宽频带相控阵雷达另一种实现途径,对其优缺点进行简要探讨。

第 5 章宽带雷达系统前沿技术。本章介绍了宽带信号处理中出现的新进展。首先讨论了如何在高速、高距离分辨力情况下延长积累时间,“无损”地完成微弱目标长时间积累的问题。然后探讨了宽带检测跟踪处理新框架,阐述了宽窄带雷达检测性能分析比较准则,并讨论了宽带雷达目标检测、跟踪的新方法。最后论述了利用相位导出测距提取目标微动信息用于目标识别的方法。

第 6 章宽带雷达系统应用。从工程角度介绍宽带雷达系统实现的关键技术,主要包括宽带频率源、宽带接收机、高速数据采集和存储、宽带信号实时处理等。从军用、民用领域介绍了宽带雷达系统的应用情况。

参考文献

[1] Clerk Maxwell J. A Dynamical Theory of the Electromagnetic Field[J/OL]. London:Philosophical Transactions of the Royal Society of London,1865. http://rstl. royalsocietypublishing. org/cgi/doi/10. 1098/rstl. 1865. 0008.

[2] Sarkar T K,Mailloux R,Sengupta D L,et al. Maxwell,Hertz, the Maxwellians and the Early History of Electromagnetic Waves[J]. IEEE Antennas and Propagation Magazine,2003,45(2):13 – 19.

[3] Brown R H. Robert Alexander Watson – Watt, the Father of Radar[J]. Engineering Science and Educational Journal,1994,3(1):31 – 40.

[4] 王德纯. 宽带相控阵雷达[M]. 北京:国防工业出版社,2010.

[5] 张光义,赵玉洁. 相控阵雷达技术[M]. 北京:电子工业出版社,2006.

[6] Dicke R H. Object detection system: US,2624876 [P]. 1953 – 01 – 06.

[7] Caputi W J. Stretch: A Time – Transformation Technique[J]. IEEE Transactions on Aerospace and Electronic Systems,1971,7(2):269 – 278.

[8] Skolnik M I. Radar handbook[M]. 3rd ed. New York:McGraw – Hill,2008.

[9] Fenn A J,Temme D H, Delaney W P,et al. The Development of Phased – Array Radar Technology[J]. Lincoln Laboratory Journal,2000,12(2): 321 – 340.

[10] Brookner E. Phased Arrays Around the World – Progress and Future Trends[C]. IEEE International Symposium on Phased Array Systems and Technology,Boston,MA,USA,2003: 1 – 8.

[11] 史仁杰．雷达反导与林肯实验室[J]．系统工程与电子技术,2007,29(11):1781-1799.

[12] Camp W W, Mayhan J T, O'Donnell R M, et al. Wideband Radar for Ballistic Missile Defense and Range-Doppler Imaging of Satellites[J]. Lincoln Laboratory Journal, 2000, 12(2):267-280.

[13] Cuomo K M, Piou J E, Mayhan J T. Ultra-Wideband Coherent Processing[J]. Lincoln Laboratory Journal, 1997, 10(2): 203-222.

[14] Shirman Y D, Gorshkov S, Leshenko S, et al. Computer Simulation of Aerial Target Radar Scattering, Recognition, Detection, and Tracking[J]. IEEE Aerospace and Electronic Systems Magazine, 2003, 18(5):40-43.

[15] Shirman Y D, Leshchenko S P, Orlenko V M. Advantages and problems of wideband radar [C]. International Radar Conference, Adelaide, SA, Australia, 2003:15-21.

第2章 宽带雷达信号形式与波形设计

为了探测不同场景下的各类目标,并根据战场需要获取目标的信息,雷达会发射不同形式的信号,通常根据信号带宽可分为窄带信号和宽带信号,后者一般指相对带宽大于10%的信号。窄带雷达信号在工程中易于实现、数据量小,一般情况下可满足雷达探测需求。然而,窄带信号距离分辨力低,无法获得目标的高分辨距离信息,雷达发射窄带信号发现目标之后,无法进一步对目标进行有效的分类、识别,不能满足现代雷达系统探测与识别的需求。因此,具有高距离分辨力的宽带雷达信号就成为现代雷达的重要研究方向。

宽带雷达信号能够清晰地获得目标高分辨一维距离像,并可区分目标的各个散射点,获得目标各个散射点的高精度测量信息,为目标的分类、识别奠定基础。宽带信号还具有优良的抗干扰性能,其宽频带特性使得干扰机需要更宽的干扰频率范围和更大的功率。此外,宽带信号还具有良好的抗杂波性能,可降低杂波强度,使杂波区中出现很多无杂波或低杂波区,进而实现目标在杂波中的检测。

宽带雷达信号包括超宽带窄脉冲信号、线性调频信号、频率步进信号等形式。其中超宽带窄脉冲信号能量小,一般用于近距离探测;而线性调频信号和频率步进信号等调制信号可具有较宽的脉冲宽度,因此能量较大,可用于中、远程探测雷达系统。

雷达通常根据要探测的目标类型以及雷达系统性能参数进行信号波形设计。雷达参数一般包括信噪比、距离分辨力、多普勒(速度)分辨力、距离-多普勒联合分辨力等。雷达方程、模糊函数是分析雷达系统性能的主要工具。宽带雷达信号的模糊函数形式与窄带信号有所不同,为了设计宽带波形,有必要先分析宽带模糊函数。

本章将首先讨论宽带信号分辨理论,随后主要讨论在宽带雷达中常用的超宽带窄脉冲信号、线性调频信号和频率步进信号。

2.1 宽带信号分辨理论

宽带信号模型及宽带信号的分辨理论是高分辨力雷达系统的理论基础，宽带信号的距离、速度及距离－速度联合分辨力在信号波形设计及信号处理中极为重要。在宽带信号模型下，信号的分辨力性能与窄带模型下有很大的差别。

2.1.1 宽带模糊函数

2.1.1.1 回波信号模型

设发射信号为 $f(t)$，经点目标反射后的回波信号记为 $g(t)$，信号从发射机传播到目标经散射后传回接收机的双程传播时延记为 τ。如果雷达和目标都是静止的，它们之间的径向距离为 R，则双程传播时延可以表示为

$$\tau=\frac{2R}{c} \tag{2.1}$$

式中：c 为信号在空间的传播速度，即光速。在这种情况下，回波信号 $g(t)$ 可以表示为

$$g(t)=f(t-\tau) \tag{2.2}$$

其中，信号 $f(t)$、$g(t)$ 都进行了能量归一化，即

$$\int|f(t)|^2\mathrm{d}t=\int|g(t)|^2\mathrm{d}t=1 \tag{2.3}$$

如果目标或雷达是运动的，双程传播时延是时变的，$\tau(t)$ 表示 t 时刻接收机接收到的信号对应的时延，回波信号 $g(t)$ 可以表示为

$$g(t)=f(t-\tau(t)) \tag{2.4}$$

由于 t 时刻接收机接收到的信号是在时刻 $t-\tau(t)/2$ 被反射的，此时目标与雷达的距离为

$$\frac{c}{2}\tau(t)=R\left(t-\frac{\tau(t)}{2}\right) \tag{2.5}$$

式中：$R(t)$ 为 t 时刻目标的径向距离。假设目标的径向速度是匀速的，则有

$$R(t)=R_0+vt \tag{2.6}$$

式中：R_0 为初始距离；v 为目标径向速度。结合式(2.5)和式(2.6)可得

$$\tau(t)=\tau_0+\frac{2v}{c+v}(t-\tau_0) \tag{2.7}$$

其中

$$\tau_0 = \frac{2R_0}{c - v} \tag{2.8}$$

代入式(2.4)得

$$g(t) = \sqrt{s} f(s(t - \tau_0)) \tag{2.9}$$

其中

$$s = \frac{c - v}{c + v} \tag{2.10}$$

为尺度参数,$\sqrt{s}$是归一化因子,使 $g(t)$ 能量为 1,即

$$\int | g(t) |^2 \mathrm{d}t = 1 \tag{2.11}$$

式(2.9)给出了宽带信号回波模型,它是基于目标径向速度是恒定的假设导出的。这一模型适用于目标运动加速度在信号持续期内可以忽略的情况。

实际上,传统的窄带信号模型是上述宽带信号模型的一个特例。对于窄带信号,回波在时域的尺度伸缩可以近似为多普勒频移,回波信号近似为

$$g(t) = f(t - \tau) \exp[\mathrm{j}2\pi\omega_{\mathrm{d}}(t - \tau)] \tag{2.12}$$

式中,ω_{d} 为多普勒频率,且

$$\omega_{\mathrm{d}} = \frac{-2v}{c}\omega_{\mathrm{c}} \tag{2.13}$$

其中:ω_{c} 为信号载频,且

$$\omega_{\mathrm{c}} = \frac{\omega |F(\omega)|^2 \mathrm{d}\omega}{|F(\omega)|^2 \mathrm{d}\omega} \tag{2.14}$$

窄带近似成立的条件可以写为

$$\frac{2v}{c} \ll \frac{1}{BT} \tag{2.15}$$

式中:B、T 分别为信号带宽和脉宽,定义为

$$B^2 = \frac{\int (\omega - \omega_{\mathrm{c}})^2 | F(\omega) |^2 \mathrm{d}\omega}{\int | F(t) |^2 \mathrm{d}\omega} \tag{2.16}$$

$$T^2 = \frac{\int (t - t_{\mathrm{c}})^2 | F(t) |^2 \mathrm{d}t}{\int | F(t) |^2 \mathrm{d}t} \tag{2.17}$$

其中

$$F(\omega) = \int f(t)\exp(-\mathrm{j}2\pi\omega t)\mathrm{d}t \tag{2.18}$$

$$t_c = \frac{\int t|f(t)|^2\mathrm{d}t}{\int |f(t)|^2\mathrm{d}t} \tag{2.19}$$

2.1.1.2　宽带模糊函数

模糊函数是对雷达信号进行分析研究和波形设计的有效工具。模糊函数仅由发射波形决定,它刻画了发射波形在采用最优信号处理条件下所能达到的分辨力、模糊度、测量精度和杂波抑制能力。

在窄带模糊函数理论中:

$$\chi_N(\tau,\omega_d) = \int g(t)f^*(t-\tau)\exp(-\mathrm{j}2\pi\omega_d t)\mathrm{d}t \tag{2.20}$$

可以看作是以目标回波信号 $f(t-\tau)\exp(\mathrm{j}2\pi\omega_d t)$ 为参考函数的匹配滤波器对给定输入信号 $g(t)$ 的输出。窄带信号 $f(t)$ 的自模糊函数定义为

$$|\chi_N(\tau,\omega_d)|^2 = \left|\int f(t)f^*(t-\tau)\exp(-\mathrm{j}2\pi\omega t)\mathrm{d}t\right|^2 \tag{2.21}$$

类似地,宽带信号匹配滤波器的输出为

$$\chi(\tau,s) = \sqrt{s}\int g(t)f^*(s(t-\tau))\mathrm{d}t \tag{2.22}$$

宽带信号 $f(t)$ 的自模糊函数定义为

$$|\chi(\tau,s)|^2 = s\left|\int f(t)f^*(s(t-\tau))\mathrm{d}t\right|^2 \tag{2.23}$$

与窄带模糊函数类似,宽带模糊函数也具有两大性质。

性质一:对称性。

$$|\chi(\tau,s)|^2 = \left|\chi\left(-\tau,\frac{1}{s}\right)\right|^2 \tag{2.24}$$

性质二:最大值在对称中心($\tau=0,s=1$)处取得。

$$|\chi(\tau,s)|^2 \leqslant |\chi(0,1)|^2 \tag{2.25}$$

2.1.2　宽带信号距离、速度分辨力

雷达分辨力是指多目标环境下系统按某一参数将两个或两个以上的邻近目标区分开来的能力。按照分辨目标所依赖的参数不同,如位置参数(距离、方位、俯仰)或运动参数(速度、加速度),可以分别定义相应的分辨力。其中,

与信号形式有关的是距离分辨力和速度分辨力。

实际上,雷达系统的分辨力取决于信噪比、信号形式和信号处理方法三个因素。雷达分辨目标的一个前提是必须能从系统噪声中发现目标。因此,分析雷达系统的分辨一般是在信噪比较高且信号处理方法是最优的假设下进行的。在此条件下,雷达系统的距离和速度分辨力仅取决于信号形式,也称为信号固有分辨力。

目前没有统一的反映信号分辨特性的参数。文献[1]用主瓣宽度来定义信号固有分辨力。通常采用模糊函数的 3dB 宽度来表达分辨力,称为名义分辨力。这种定义只表示主瓣内邻近目标的分辨能力,没有考虑旁瓣干扰对目标分辨的影响。为了全面考虑主瓣和旁瓣的分辨问题,文献[2]定义了另一个反映分辨特性的参数,称为分辨力常数。分辨力常数可以作为统一量度测量多值性和分辨力的参数,但并不直接反映模糊的性质是属于多值模糊还是属于主瓣分辨力问题。

窄带信号的距离分辨力和速度分辨力可以分别用时延分辨力常数和多普勒分辨力常数来表征。类似地,宽带信号的距离分辨力也可以用时延分辨力常数来表征,其定义为

$$A_\tau = \frac{\int_{-\infty}^{\infty} |\chi(\tau,1)|^2 \mathrm{d}\tau}{|\chi(0,1)|^2} \tag{2.26}$$

由模糊函数的定义,有

$$\chi(\tau,1) = \int_{-\infty}^{\infty} f(t) f^*(t-\tau)\mathrm{d}t \tag{2.27}$$

即$\chi(\tau,1)$是信号$f(t)$的自相关函数。

将式(2.27)代入式(2.26),利用帕斯瓦尔定理和自相关函数与功率谱的傅里叶变换关系可以得到时延分辨力常数的频域表示为

$$A_\tau = \frac{\int_{-\infty}^{\infty} |F(\omega)|^4 \mathrm{d}\omega}{\left|\int_{-\infty}^{\infty} |F(\omega)|^2 \mathrm{d}\omega\right|^2} \tag{2.28}$$

根据时延与目标距离的关系,可以得到距离分辨力常数为

$$A_\mathrm{R} = \frac{c}{2} A_\tau \tag{2.29}$$

与窄带信号不同,宽带信号的速度分辨能力由尺度分辨力常数表示,文献[2]给出了如下定义:

$$A_{\ln s} = \frac{\int_{-\infty}^{\infty} |\chi(0,s)|^2 \mathrm{d}\ln s}{|\chi(0,1)|^2} \tag{2.30}$$

定义信号$f(t) \in L^2(0,\infty)$的尺度变换为$D:f(t) \to D(c)$，其中

$$D(c) = \int_0^{\infty} f(t) t^{-\frac{1}{2}} \exp(-\mathrm{j}2\pi c \ln t) \mathrm{d}t \tag{2.31}$$

逆变换为

$$f(t) = \int_{-\infty}^{\infty} D(c) t^{-\frac{1}{2}} \exp(-\mathrm{j}2\pi c \ln t) \mathrm{d}t, \quad t > 0 \tag{2.32}$$

尺度变换具有下面的帕斯瓦尔恒等式：

$$\int_0^{\infty} |f(t)|^2 \mathrm{d}t = \int_{-\infty}^{\infty} |D(c)|^2 \mathrm{d}c \tag{2.33}$$

代入尺度分辨力常数的定义可得

$$A_{\ln s} = \frac{\int_{-\infty}^{\infty} |D_t(c)|^4 \mathrm{d}c}{\int_{-\infty}^{\infty} |D_t(c)|^2 \mathrm{d}c} = \frac{\int_{-\infty}^{\infty} |D_\omega(c)|^4 \mathrm{d}c}{\int_{-\infty}^{\infty} |D_\omega(c)|^2 \mathrm{d}c} \tag{2.34}$$

式中：$D_t(c)$是时域信号$f(t)$的尺度变换；$D_\omega(c)$是其频谱$F(\omega)$的尺度变换。

一般情况下，目标径向速度远低于光速，即$v \ll c$。将$\ln s$在$v=0$处进行泰勒展开，有

$$\ln s = \ln \frac{c+v}{c-v} = \sum_{k=0}^{\infty} \frac{2}{2k+1} \left(\frac{v}{c}\right)^{2k+1} \approx \frac{2v}{c} \tag{2.35}$$

由此可得到宽带信号的速度分辨力常数为

$$A_v = \frac{c}{2} A_{\ln s} \tag{2.36}$$

2.1.3　宽带信号距离－速度联合分辨力

对于窄带信号，距离－速度联合分辨力常数定义为

$$\Delta(R,v) = \frac{c^2}{4\omega_c} \Delta(\tau,\omega) \tag{2.37}$$

式中：ω_c为信号载频；$\Delta(\tau,\omega)$为时延－多普勒常数，其数值恒为1，即

$$\Delta(\tau,\omega) = \frac{\int_{-\infty}^{\infty}\int_{-\infty}^{\infty} |\chi_N(\tau,\omega)|^2 \mathrm{d}\tau \mathrm{d}\omega}{|\chi_N(0,0)|^2} \equiv 1 \tag{2.38}$$

类似地，可以定义宽带信号的距离－速度联合分辨力常数如下：

$$\Delta(R,v)=\frac{c^2}{4}\Delta(\tau,s) \tag{2.39}$$

式中：$\Delta(\tau,s)$为时延－尺度联合分辨力常数，且

$$\Delta(\tau,s)=\frac{\int_{-\infty}^{\infty}\int_{0}^{\infty}|\chi(\tau,s)|^2\mathrm{d}\ln s\mathrm{d}\tau}{|\chi(0,1)|^2} \tag{2.40}$$

将式(2.23)代入上式并化简得出

$$\Delta(\tau,s)=\frac{\int_{-\infty}^{\infty}|F(\omega)|^2\mathrm{d}\omega\int_{0}^{\infty}\frac{|F(\omega)|^2}{\omega}\mathrm{d}\omega+\int_{-\infty}^{0}|F(\omega)|^2\mathrm{d}\omega\int_{-\infty}^{0}\frac{|F(\omega)|^2}{\omega}\mathrm{d}\omega}{\left(\int_{-\infty}^{\infty}|F(\omega)|^2\mathrm{d}\omega\right)^2} \tag{2.41}$$

上式和式(2.39)给出了宽带信号的距离－速度联合分辨力常数。

对于窄带信号或常用的线性调频宽带信号，有

$$F(\omega)=\frac{1}{B}\mathrm{rect}\left(\frac{\omega-\omega_c}{B}\right) \tag{2.42}$$

代入到式(2.41)中可得

$$\Delta(\tau,s)=\frac{1}{B}\int_{\omega_c-\frac{B}{2}}^{\omega_c+\frac{B}{2}}\frac{1}{\omega}\mathrm{d}\omega=\frac{1}{B}\ln\frac{1+\frac{B}{2\omega_c}}{1-\frac{B}{2\omega_c}} \tag{2.43}$$

可见，当B或ω_c一定时，时延－尺度联合分辨力常数随着相对带宽B/ω_c的减小而减小。这与窄带模型下时延－多普勒联合分辨力常数恒为1的结论有所不同。

2.2　超宽带窄脉冲信号

2.2.1　超宽带窄脉冲信号产生

超宽带窄脉冲信号，亦称为超宽带冲激脉冲信号，其脉宽通常在纳秒或亚纳秒量级，具有极大的瞬时带宽。超宽带窄脉冲信号截获率较低、测量速度快、分辨力较高，其发射信号平均功率较低，限制了有效探测距离，一般用于极近距离的探测，例如穿墙雷达、探地雷达等商用系统。超宽带窄脉冲信号对硬件的要求高，包括高速模/数转换器(ADC)、窄脉冲发生器、倍频程天线等。但是超宽带窄脉冲信号收发器结构简单，成本相对低廉，信号处理较简单，容

易小型化,携带方便,这也是目前绝大部分成熟商用系统选择超宽带窄脉冲信号的原因之一。

超宽带窄脉冲信号最常用的脉冲波形为高斯脉冲及其各阶微分形式。高斯脉冲的时域表达式[3]为

$$s(t)=\frac{A}{\sqrt{2\pi}\sigma}\exp\left(-\frac{t^2}{2\sigma^2}\right) \tag{2.44}$$

式中:A 为高斯信号幅度;参数 σ 与脉宽有关。

文献[3]给出了高斯脉冲各阶微分形式的时域表达式

$$s^{(n)}(t)=-\frac{n-1}{\sigma}s^{(n-2)}(t)-\frac{t}{\sigma^2}s^{(n-1)}(t) \tag{2.45}$$

以及它们的傅里叶变换形式

$$S_n(f)=A(\mathrm{j}2\pi f)^n\exp\left[-\frac{(2\pi f\sigma)^2}{2}\right] \tag{2.46}$$

严格意义上说,高斯脉冲及其各阶微分在时域上是无限长的。通常定义其脉宽为包含了99.99%脉冲能量的时间间隔。以高斯脉冲一阶微分形式为例,使用该定义,则信号脉宽 $T_\mathrm{p}\approx 7\sigma$。

时域上极窄脉冲产生是超宽带窄脉冲雷达中的重要技术。目前主要有两大类脉冲信号产生方法:一是利用数字逻辑器件(例如发射极耦合逻辑(ECL)门电路)产生;二是利用半导体器件(例如隧道二极管、阶跃恢复二极管、雪崩三极管等)的开关特性产生。

利用数字逻辑器件产生窄脉冲,电路简单,便于产品集成,调试容易,可以通过多种数字逻辑组配产生单周期、多周期的窄脉冲信号[4]。一种采用ECL器件的窄脉冲产生电路结构框图如图2.1所示,由基准时钟、脉冲调制器、延时电路、ECL门电路、驱动放大电路等组成。脉冲调制器输出周期性脉冲序列,该序列信号一分为二,一路直接进入ECL门电路,一路经过延时电路再进入ECL门电路。其中,延时电路可以通过在印制电路板上走蛇形线或者采用延时芯片、可变电容等来实现,并通过精确控制延时来控制输出信号的脉宽。ECL器件开关速度极快,在此可以采用异或门形式,它是产生窄脉冲的关键器件。最后一级驱动放大电路对窄脉冲信号进行阻抗匹配和放大。

利用隧道二极管、阶跃恢复二极管、雪崩三极管等高速半导体器件的开关特性产生窄脉冲信号。这些器件产生窄脉冲的原理各异,产生的脉冲特性也各有不同,可以应用在不同场合。下面以阶跃恢复二极管(SRD)为例讨论其窄脉冲产生方法。阶跃恢复二极管实现电路紧凑,可以支持产生数百皮秒量

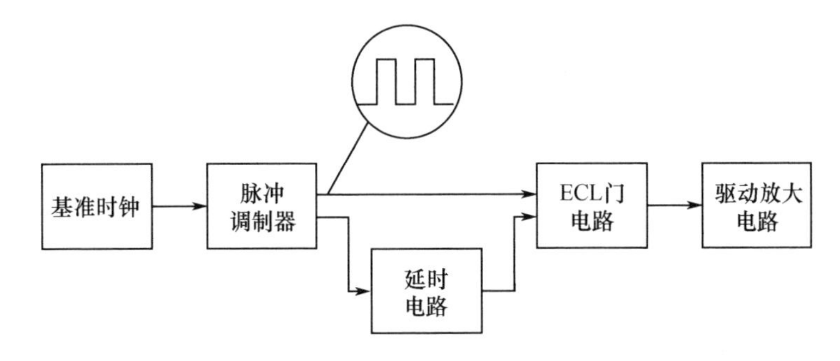

图 2.1　利用数字逻辑器件产生窄脉冲信号的原理框图

级的窄脉冲。阶跃恢复二极管作为一种 PN 结二极管，其杂质分布比较特殊。对于普通二极管，电压反向时截止，即仅有反向饱和电流；而阶跃恢复二极管在电压反向时，并不立即截止，继续有很大的反向电流流通，直到某一时刻才迅速跳变至截止，形成很陡峭的阶跃。利用阶跃二极管的上述特性，可以在外部电路中形成很窄的脉冲，即构成脉冲信号发生器。表征阶跃二极管性能的参数有阶跃时间、存储时间、结电容、正向电流、击穿电压及最大功耗等。在窄脉冲电路设计中，主要根据阶跃时间和存储时间两个参数选择阶跃二极管。为了获得较大的输出功率和较高的效率，存储时间越长越好，而阶跃时间越短越好。

如图 2.2 所示，脉冲调制器产生的信号送入 SRD，在 SRD 快速切换至关断状态后，产生了阶跃信号 A，并沿着 x 正半轴和短路短截线（Short Circuited Stub）传播。A 信号到达短路短截线端后被全部反射回来（相位翻转），即为图中的阶跃信号 B。A 和 B 在 $x=0$ 处合成得到高斯脉冲，可以通过控制短路短截线的长度来控制信号脉宽。SRD 并不是完全理想的快速开关，在关断状态后，波形 B 中有部分反射信号通过 SRD 往 x 负半轴方向（即脉冲调制器源端）传播，在源端发射后形成阶跃信号 C。如图 2.3 所示，信号 C 会使高斯脉冲发生变形和展宽，因此在设计中需要通过阻抗匹配设计尽量避免信号 C 的影响[5,6]。上述电路只能产生高斯型脉冲，单周期或者多周期脉冲的优点是可以直接产生射频频率，发射支路不需要额外的上变频，例如 300ps 脉宽的单周期脉冲，其载频在 3.3GHz 处。因此需要通过某种电路将高斯型脉冲变为单周期脉冲：一种简单的方法是高斯型脉冲经过一个阻容微分器；另一种方法是将高斯型脉冲通过同样的方法延时叠加，就可以产生单周期脉冲。多个相同电路级联即可产生多周期脉冲信号[6,7]。

2.2.2　超宽带窄脉冲信号采集

超宽带窄脉冲信号需要极高的采样频率。例如，1ns 脉宽的信号需要吉

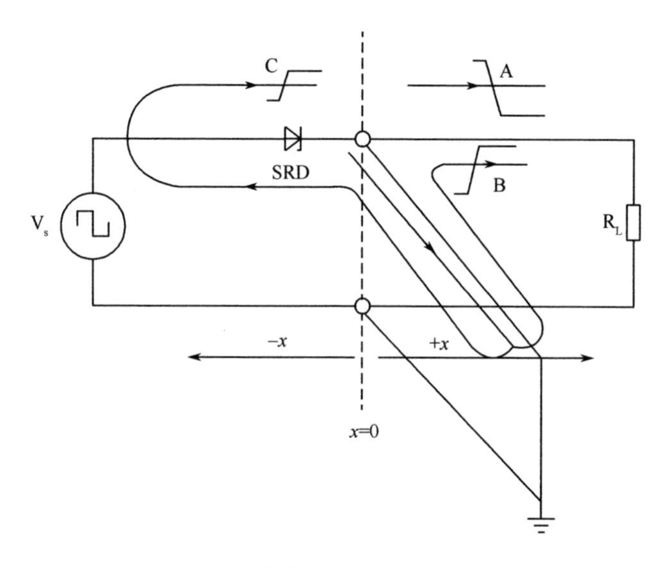

图 2.2　基于阶跃恢复二极管的高斯脉冲成形电路

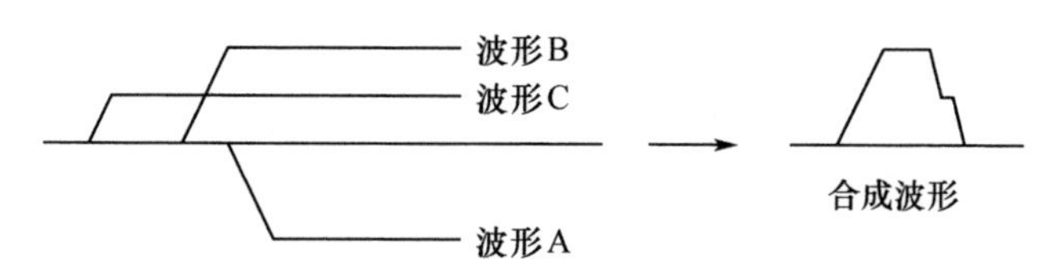

图 2.3　位置 $x=0$ 处合成的波形示意图

赫的采样频率,芯片价格昂贵,功耗较大,而且吉赫 ADC 芯片分辨力通常为 8～12bit,限制了其动态范围。为了解决上述问题,研究者们另辟蹊径开发超高速采样方法,其中比较广泛的两种方法是时间交织采样(Time Interleaved Sampling)和等效时间采样(Equivalent Time Sampling)。

时间交织采样通过多通道 ADC 并行采集的方式,不同的 ADC 之间的采样频率有固定的时间间隔,将多通道 ADC 数据汇聚并按时间先后顺序排列后可得到高采样率数据,其采样间隔为各通道采样时钟的时间间隔。该方法可以有效解决采样率的问题,不但能够提供较高的采样率,同时还能提供较高的采样精度。现在已经有不少商用多通道 ADC 芯片支持时间交织采样模式。

等效时间采样通过对重复信号多次采样,把信号在不同周期中采样得到的数据进行重组、重建信号波形[8,9]。如图 2.4 所示:在被采样的超宽带窄脉冲第一个脉冲重复周期(PRT)内,采样脉冲采了一个点;在第二个 PRT 内,采样脉冲相对于第一个 PRT 内的采样脉冲延时了 Δt;在第三个 PRT 内,采样脉冲相对于第一个采样脉冲延时了 $2\Delta t$。依此类推,直到一个完整的脉冲重复周期被采样完,再将所有采样点重新排列构成完整的采样波形。等效采样时间间隔取决于延时值。

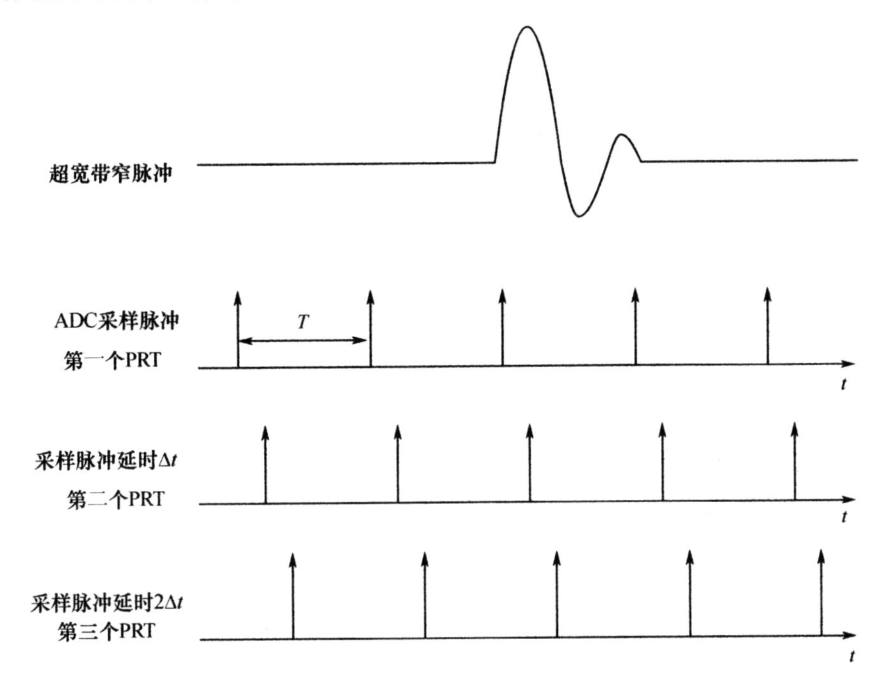

图 2.4　等效时间采样原理图

图 2.5 给出了一个实际的例子。采样时钟为 100MHz，脉冲重复频率为 10MHz（PRT 为 100ns），则每个 PRT 采样点数为 10。PRT 之间采样脉冲依次延时 100ps，则等效采样频率为 10GHz。对于 100MHz 的采样时钟频率，需要 100 次延时（即 100 个 PRT）来覆盖 10ns 的采样间隔。因此一次完整的脉冲采集、重排需要 $100 \times 100\text{ns} = 10\mu\text{s}$，实时性降低了很多。

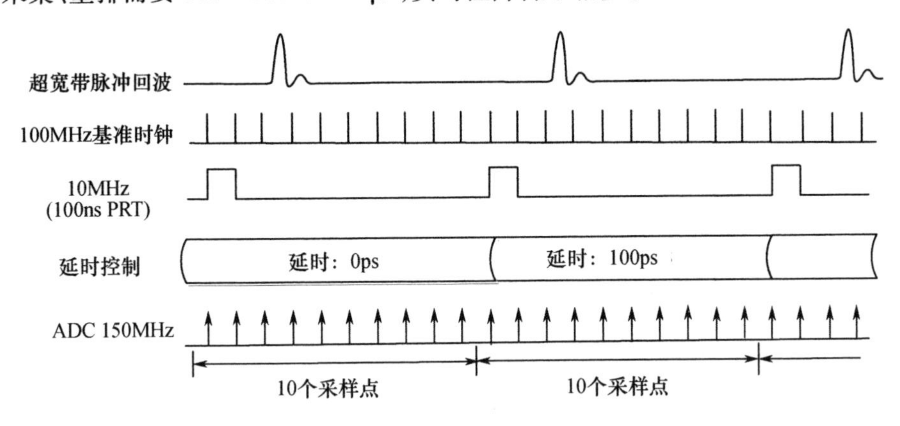

图 2.5　等效时间采样实现时序图

等效时间采样技术的前提是被采样信号必须是重复的。对于静目标的雷达回波而言,可满足这一约束条件;对于运动目标而言,则需根据目标的运动速度、脉冲重复周期等具体分析其运动导致的非理想效应是否可以忽略。在对实时性要求并不是很严格的系统中,等效时间采样提供了一种低成本的解决方案。

2.3 线性调频信号

线性调频(LFM 或 Chirp)是指频率在脉宽内进行线性扫描,或者向上(上调频)或者向下(下调频),通过频率调制获得大带宽,同时采用大脉宽以保持发射信号能量,使雷达具有远距离、高分辨探测能力,这是目前应用最为广泛的一类宽带雷达信号。采用宽带模糊函数进行分析可知,线性调频信号具有对多普勒频移不敏感的特性,即使回波中存在较大的多普勒频移,通过脉冲压缩处理仍然可以得到较好的脉压结果。然而相对于其他宽带信号,线性调频信号的主要缺点是匹配滤波后的旁瓣较高,通常可采用加权的方式降低旁瓣,但加权会引起失配,造成脉压后峰值下降和主瓣展宽,在一定程度上降低了信号的增益。

2.3.1 线性调频信号及特点

矩形包络线性调频信号经过幅度归一化,其数字表达式为

$$s(t)=\mathrm{rect}\left(\frac{t}{T}\right)\mathrm{e}^{\mathrm{j}\pi kt^2} \tag{2.47}$$

式中:t 为信号传播时间;T 为线性调频信号脉宽;k 为线性调频斜率。其复包络函数为

$$a(t)=\mathrm{rect}\left(\frac{t}{T}\right)=\begin{cases}1, & |t|\leqslant\dfrac{T}{2}\\0, & 其他\end{cases} \tag{2.48}$$

相位函数为

$$\varphi(t)=\pi kt^2 \tag{2.49}$$

其瞬时角频率和瞬时频率分别为

$$\omega(t)=\frac{\mathrm{d}\varphi(t)}{\mathrm{d}t}=2\pi kt \tag{2.50}$$

$$f(t)=kt \tag{2.51}$$

由上式可见,线性调频信号的瞬时频率与时间成正比,这是线性调频信号

的主要特征。在矩形复包络的约束下,在信号脉宽持续时间内,信号频率从 $-kT/2$ 变化为 $kT/2$,频率变化范围 $B=kT$ 被称作线性调频信号的信号带宽。上调频线性调频信号时域波形的实部和虚部、相位、时频特性如图 2.6 所示。

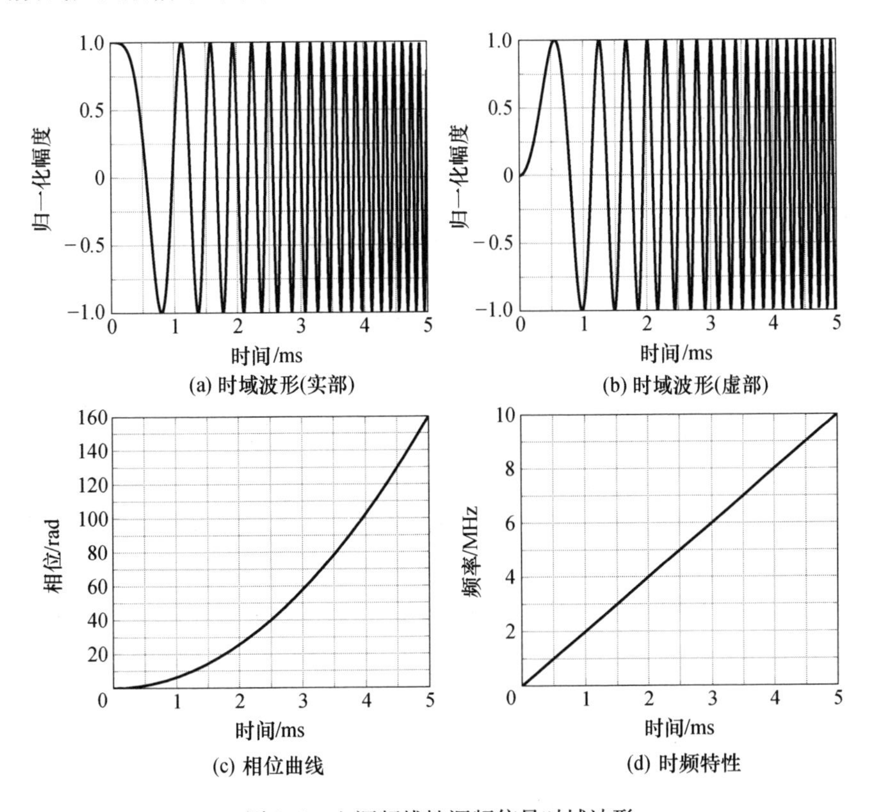

图 2.6　上调频线性调频信号时域波形

通过对线性调频信号时域波形 $s(t)$ 进行傅里叶变换,可得其频谱为

$$S(\omega)=\int_{-\infty}^{+\infty}s(t)\mathrm{e}^{-\mathrm{j}\omega t}\mathrm{d}t=\int_{-\infty}^{+\infty}\mathrm{rect}\left(\frac{t}{T}\right)\mathrm{e}^{-\mathrm{j}(\omega t-\pi kt^2)}\mathrm{d}t \tag{2.52}$$

式中:ω 为角频率。做变量置换,令

$$X_1=\frac{kT+\dfrac{\omega}{\pi}}{\sqrt{2k}},\quad X_2=\frac{kT-\dfrac{\omega}{\pi}}{\sqrt{2k}} \tag{2.53}$$

经过推导,可得到矩形包络线性调频信号频谱函数为

$$S(\omega)=\frac{1}{\sqrt{2k}}\mathrm{e}^{-\mathrm{j}\frac{\omega^2}{4\pi k}}[C(X_1)+\mathrm{j}S(X_1)+C(X_2)+\mathrm{j}S(X_2)] \tag{2.54}$$

其频谱幅度为

$$|S(\omega)| = \frac{1}{\sqrt{2k}}\{[C(X_1)+C(X_2)]^2+[S(X_1)+S(X_2)]^2\}^{\frac{1}{2}} \tag{2.55}$$

相位谱为

$$\Phi(\omega) = \Phi_1(\omega) + \Phi_2(\omega) = -\frac{\omega^2}{4\pi k} + \arctan\left[\frac{S(X_1)+S(X_2)}{C(X_1)+C(X_2)}\right] \tag{2.56}$$

式中：$\Phi_1(\omega)$称为平方律相位谱；$\Phi_2(\omega)$称为残余相位谱；$C(X_1)$、$C(X_2)$和$S(X_1)$、$S(X_2)$均为菲涅耳(Fresnel)积分，其表达式为

$$C(X) = \int_0^X \cos\left(\frac{\pi x^2}{2}\right)\mathrm{d}x \tag{2.57}$$

$$S(X) = \int_0^X \sin\left(\frac{\pi x^2}{2}\right)\mathrm{d}x \tag{2.58}$$

线性调频信号的频谱与信号脉宽和带宽有关，通常将$B \cdot T$称作信号的时宽带宽积，不同时宽带宽积下线性调频信号的频谱如图2.7所示。

可以看出，幅度谱在顶部存在起伏，这是由菲涅耳积分造成的，因此亦称为菲涅耳起伏。此外，幅度谱并不严格限制在带宽内，随着信号时宽带宽积的增大，顶部菲涅耳起伏减小，带外频谱分量亦减小，其形状越来越接近矩形。数值积分证明：当时宽带宽积大于10时，几乎95%的频谱能量都包括在带宽中；当时宽带宽积为100时，这个值上升至98%、99%[1]。随着信号时宽带宽积的增加，残余相位项在带宽内越来越平坦，相位谱越来越趋近于平方律相位项。

2.3.2 线性调频信号处理方法

雷达信号的基本理论指出，在白噪声条件下，如果对雷达接收信号$s(t)$进行处理的滤波器的脉冲响应为

$$h(t) = Ks(-t) \tag{2.59}$$

而相应的频率响应为

$$H(\omega) = S^*(\omega) \tag{2.60}$$

则该滤波器称作信号$s(t)$的匹配滤波器。该滤波器是一种基于输出信噪比最大准则的最佳滤波器，可使信号$s(t)$的输出信噪比最大。式(2.59)、式(2.60)中：$s(t)$为接收信号；$S(\omega)$为接收信号频谱；$*$号表示复共轭。

根据数字信号处理技术，匹配滤波处理在时域可通过将接收信号与滤波器冲激响应相关实现，在频域可通过将接收信号频谱和匹配滤波器频率响应相乘实现。通常在工程中，可利用快速傅里叶变换在频域实现匹配滤波。

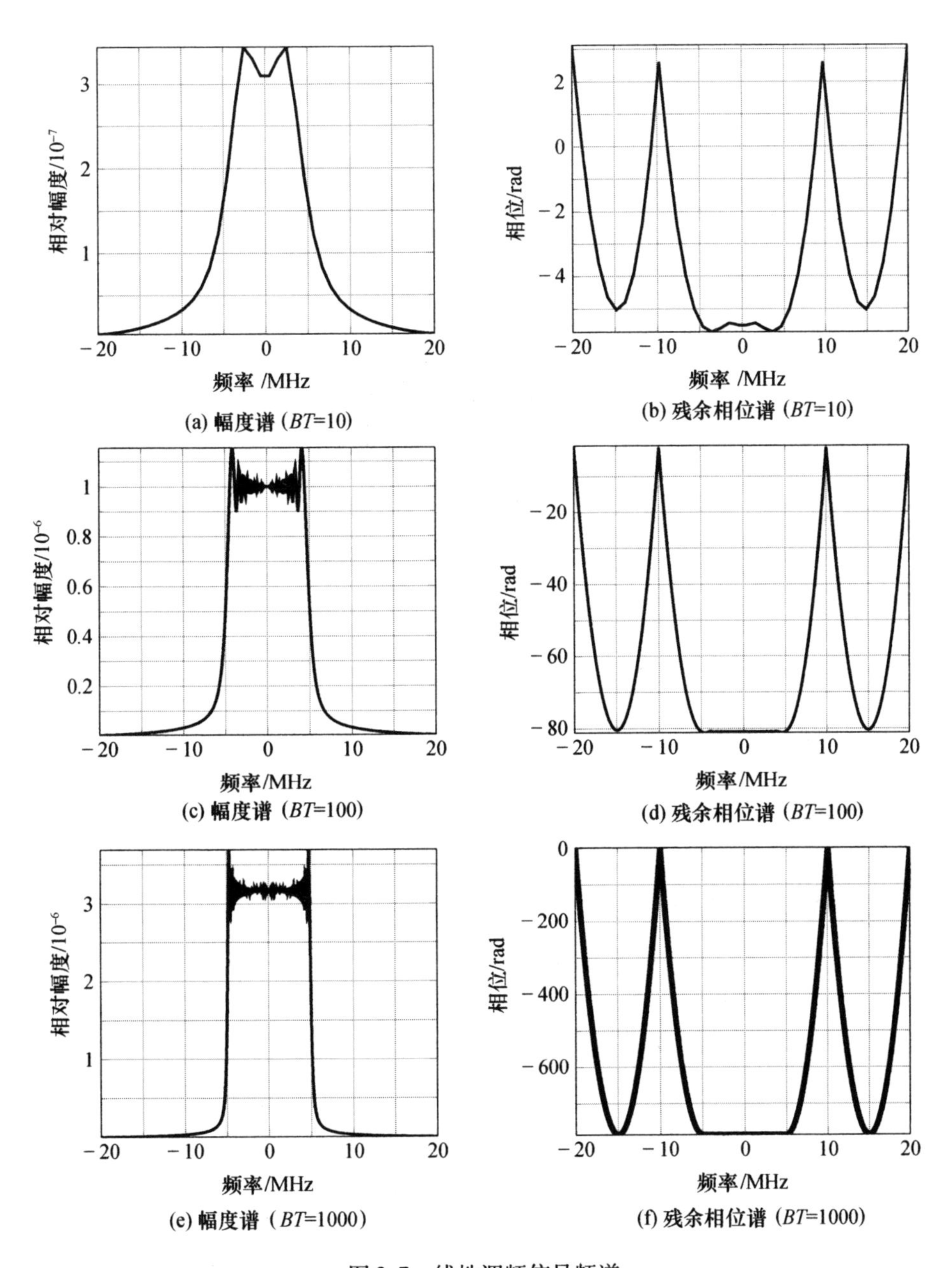

图 2.7　线性调频信号频谱

针对上文的线性调频信号 $s(t)$，令常系数 $K=1$，其匹配滤波器的冲激响应为

$$h(t)=s(-t) \tag{2.61}$$

则匹配滤波器的输出为

$$s_o(t) = \int_{-T/2}^{T/2} s(\tau)h(\tau + t)\mathrm{d}\tau = T\mathrm{sinc}(\pi kTt)\mathrm{e}^{\mathrm{j}\pi kt^2} \tag{2.62}$$

通过匹配滤波之后,即可实现线性调频信号的脉冲压缩处理,使得雷达回波信号输出信噪比最大,更利于对目标的检测。经过匹配滤波,可以得到脉压结果,如图2.8所示。

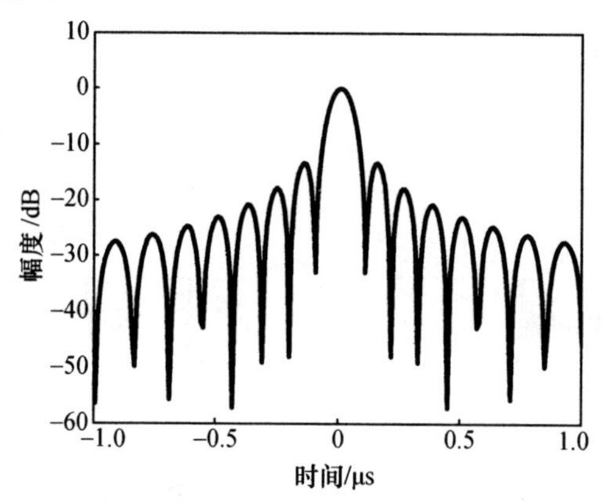

图2.8　线性调频信号脉冲压缩结果

2.3.3　线性调频信号处理性能分析

2.3.3.1　脉冲压缩倍数

匹配滤波处理结果表明,线性调频信号脉冲压缩可将输入信号脉宽变窄、幅度增高。其中脉压结果主瓣宽度约为原信号脉宽的 $1/(BT)$,主瓣脉冲幅度是输入信号幅度的 BT 倍。如前所述,BT 称为信号的时宽带宽积,又称为脉冲压缩的压缩比或脉冲压缩倍数。信号的时宽带宽积越大,脉冲压缩结果的幅度越高,主瓣宽度越窄。

理想情况下,脉冲压缩倍数为

$$D = BT \tag{2.63}$$

2.3.3.2　旁瓣电平

在雷达领域中,高旁瓣电平可能会造成虚警,或者掩盖其他小目标。通常采用两种指标度量旁瓣电平。

1）峰值旁瓣电平(PSL)

$$\mathrm{PSL} = 10\lg\left(\frac{\text{最大旁瓣功率}}{\text{峰值响应}}\right) \tag{2.64}$$

峰值旁瓣电平与特定距离单元中由于相邻单元存在目标而出现虚警的概率有关。

2）积分旁瓣电平（ISL）

$$\mathrm{ISL}=10\lg\left(\frac{\text{总旁瓣功率}}{\text{峰值响应}}\right) \tag{2.65}$$

积分旁瓣电平是一种分布在所有旁瓣能量的度量，在密集目标以及分布式杂波时，这种旁瓣电平的度量很有必要。

线性调频信号脉冲压缩结果具有较高的旁瓣电平，其峰值旁瓣电平约为 -13.2dB。

2.3.3.3　加权处理

加权处理又称作加窗处理，通过对输入信号的时域波形或频谱进行适当加权，可在一定程度上解决旁瓣过高的问题，其代价是输出信号幅度下降、主瓣展宽，降低了信号的信噪比。对时域波形包络进行加权称为时域加权，对信号频谱幅度加权称为频域加权。

前已指出，矩形包络的线性调频信号，经过脉冲压缩其旁瓣电平是很高的。在使用时需要将其压低，通过时域加权或频域加权，有意使线性调频信号畸变，可达到降低旁瓣电平的效果。经过加权处理，信号的高频分量减小，按照傅里叶变换理论，这将造成脉冲压缩后波形主瓣展宽，导致分辨力下降，且由于加权处理，信号畸变，导致与匹配滤波器失配，造成输出信噪比下降。

总之，加权能压低旁瓣电平，但是付出代价是主瓣展宽和信噪比降低。因此必须仔细权衡利弊得失，以求达到较好的效果，并非旁瓣压得越低越好。

工程上经常使用的窗函数包括海明（Hamming）窗、汉宁（Hanning）窗、布莱克曼（Blackman）窗。它们对线性调频信号加权脉冲压缩处理的性能指标如表 2.1所列，加权后脉冲压缩的结果如图 2.9 所示。

表 2.1　常用窗函数及性能指标

权函数	主瓣电平展宽/dB	主瓣电平降低/dB	第一旁瓣电平/dB	旁瓣电平衰减/dB
矩形窗	1	0	-13.4	4
海明窗	1.85	-5.4	-42.5	6
汉宁窗	1.97	-6.1	-40.0	18
布莱克曼窗	3.25	-7.7	-46.7	6

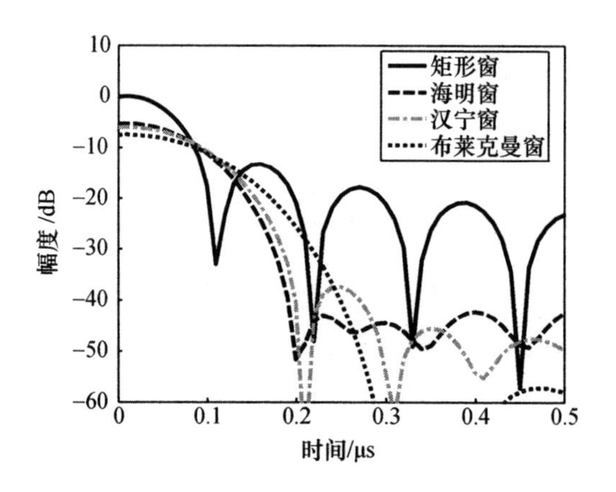

图 2.9　常用窗函数加权后脉冲压缩输出结果

2.4　频率步进信号

频率步进信号是一种重要的距离高分辨雷达信号,它利用序贯发射多个频率线性步进的等宽度脉冲,通过合成脉冲压缩处理得到高分辨距离像。与典型的超宽带(UWB)和传统脉冲压缩高分辨波形(如线性调频信号)不同,该信号具有瞬时窄带、但可获得较大合成带宽的优点,对接收机 A/D 采样率的要求较低,易于工程实现。

2.4.1　频率步进原理

频率步进信号就是将带宽为 B_t 的信号离散为一系列点频,并通过 N 个脉冲分别发射的一种距离高分辨力信号。通常,将组成带宽 B_t 的 N 个脉冲称为一帧信号。假设载频起始频率为 f_0,频率步进阶梯为 Δf,则第 n 个子脉冲的载频 $f_n = f_0 + n\Delta f$,发射脉冲宽度为 τ,脉冲重复周期为 T_r,其频率 - 时间分布如图 2.10 所示。

频率步进雷达的发射信号可表示为

$$x(t) = \frac{1}{\sqrt{N\tau}}\sum_{n=0}^{N-1} u(t - nT_r)\mathrm{e}^{\mathrm{j}2\pi f_n t},\quad 0 < t < NT_r \tag{2.66}$$

式中:$u(t)$为子脉冲调制信号。对式(2.66)进行傅里叶变换,可得频率步进信号的频域表达式为

$$X(f) = F[x(t)] = \frac{1}{\sqrt{N_\tau}}\sum_{n=0}^{N-1}\int_{-\infty}^{\infty} u(t - nT_r)\mathrm{e}^{\mathrm{j}2\pi f_n t}\cdot \mathrm{e}^{-\mathrm{j}2\pi f t}\mathrm{d}t$$

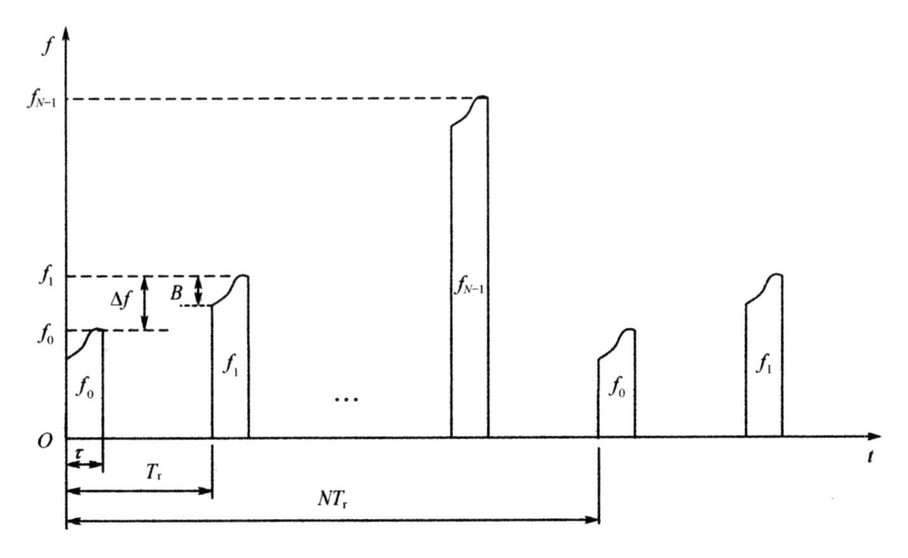

图 2.10　频率步进发射脉冲频率 - 时间关系

$$\overset{t_1=t-nT_r}{=}\frac{1}{\sqrt{N_\tau}}\sum_{n=0}^{N-1}\mathrm{e}^{-\mathrm{j}2\pi(f-f_n)nT_r}\int_{-\infty}^{\infty}u(t_1)\mathrm{e}^{-\mathrm{j}2\pi(f-f_n)t_1}\mathrm{d}t_1$$

$$=\frac{1}{\sqrt{N_\tau}}\sum_{n=0}^{N-1}U(f-f_n)\mathrm{e}^{-\mathrm{j}2\pi(f-f_n)nT_r}\tag{2.67}$$

式中：$U(f)$是子脉冲调制信号的频谱。对式(2.67)取模值，可得

$$|X(f)|=\frac{1}{N_\tau}\sum_{n=0}^{N-1}|U(f-f_n)|\tag{2.68}$$

显然，式(2.68)的物理意义就是，频率步进信号的频谱由 N 个峰值位置分别为 $f_0,f_0+\Delta f,\cdots,f_0+(N-1)\Delta f$ 的子脉冲频谱叠加而成，因此，频率步进信号合成带宽 $B_t=(N-1)\Delta f+B$。它对应的距离分辨力为

$$A_R=\frac{c}{2B_t}\tag{2.69}$$

通常，在频率步进信号参数设计中满足 $\tau\Delta f\leqslant 1$ 或 $\Delta f/B\leqslant 1$，因此，频率步进信号的有效带宽可以近似等于 $N\Delta f$。

2.4.2　频率步进信号的类型

频率步进信号可以根据子脉冲调制信号的形式分为很多种。比如，简单矩形脉冲、线性调频信号、伪随机码等。

当子脉冲为简单矩形脉冲时，信号称为简单频率步进信号，子脉冲的表达式为

$$u(t)=\mathrm{rect}\left(\frac{t-\tau/2}{\tau}\right) \tag{2.70}$$

当子脉冲为线性调频信号时,信号称为调频频率步进信号,子脉冲的表达式为

$$u(t)=\mathrm{rect}\left(\frac{t-\tau/2}{\tau}\right)\exp[\mathrm{j}\pi k(t-\tau/2)^2] \tag{2.71}$$

2.4.3 频率步进信号处理方法

假设相对雷达径向距离 R 处有一个点目标,则其回波可表示为

$$\begin{aligned} y(t) = & \sum_{n=0}^{N-1} A_n u(t-nT_\mathrm{r}-\tau(t)) \cdot \\ & \exp[\mathrm{j}2\pi(f_0+n\Delta f)(t-\tau(t))], \quad 0<t-\tau(t)<NT_\mathrm{r} \end{aligned} \tag{2.72}$$

式中:A_n 为第 n 个脉冲的回波幅度;$\tau(t)=2R/c$ 为目标时延,其中 c 为光速。相参本振信号为

$$m(t)=\sum_{n=0}^{N-1}\mathrm{rect}\left(\frac{t-nT_\mathrm{r}-T_\mathrm{r}/2}{T_\mathrm{r}}\right)\cdot\exp[-\mathrm{j}2\pi(f_0+n\Delta f)t], \quad 0<t<NT_\mathrm{r} \tag{2.73}$$

将本振信号与回波信号混频后,可得视频回波信号表达式:

$$s(t)=\sum_{n=0}^{N-1}A_n u(t-nT_\mathrm{r}-\tau(t))\mathrm{e}^{-\mathrm{j}2\pi(f_0+n\Delta f)\tau(t)} \tag{2.74}$$

对于简单频率步进信号,式(2.74)可表示为

$$s(t)=\sum_{n=0}^{N-1}A_n\mathrm{rect}\left(\frac{t-nT_\mathrm{r}-\tau/2-2R/c}{\tau}\right)\mathrm{e}^{-\mathrm{j}2\pi f_0\frac{2R}{c}}\mathrm{e}^{-\mathrm{j}2\pi n\Delta f\frac{2R}{c}} \tag{2.75}$$

在频率步进信号的处理中,在采样时刻 $t_n=nT_\mathrm{r}+2R/c+t'(0<t'<\tau/2)$ 对回波进行同距离门采样,那么,式(2.75)第一个相位项是常数项,第二个相位项可看作是时间点为 $\tau(t)$、频率呈线性变化的频域离散信号。因此,对频域上的 N 个离散样值进行逆离散傅里叶变换(IDFT)可得

$$H(l)=\frac{1}{N}\sum_{n=0}^{N-1}s(t_n)\mathrm{e}^{\mathrm{j}2\pi\frac{l}{N}n} \tag{2.76}$$

假设目标静止,去掉固定相位因子并令 $A_n=1$,则

$$\begin{aligned} H(l) &= \frac{1}{N}\sum_{n=0}^{N-1}\exp\left[\mathrm{j}2\pi\frac{n}{N}\left(l-N\Delta f\frac{2R}{c}\right)\right] \\ &= \mathrm{e}^{\mathrm{j}\frac{N-1}{N}\pi(l-l_0)}\cdot\frac{\sin[\pi(l-l_0)]}{\sin\left[\frac{\pi(l-l_0)}{N}\right]} \end{aligned} \tag{2.77}$$

所以

$$|H(l)| = \frac{\sin[\pi(l-l_0)]}{\sin[\pi(l-l_0)/N]},\quad l=0,1,2,\cdots,N-1 \tag{2.78}$$

式中：$l_0 = N\Delta f(2R/c)$。

由式(2.78)可知，当 $l=l_0$ 时，$|H(l)|$最大，经过门限判决后可以根据 l 值得到目标的距离信息 R，称序列$|H(l)|$为“一维距离像”。

2.4.4 频率步进信号多普勒性能分析

频率步进信号合成带宽大、相参处理时间长，是一种多普勒敏感信号。下面从简单频率步进信号入手，分析运动目标造成的脉间包络走动和脉间相位失配对信号处理的影响。

假设初始径向距离为 R_0 的点目标速度恒为 v_0，则式(2.75)可改为

$$\begin{aligned} s(t) = \sum_{n=0}^{N-1}\Big\{A_n \mathrm{rect}\Big(\frac{t-\tau/2-2R_0/c-2v_0(t+nT_r)}{\tau}\Big)\cdot \\ \exp\Big[-\mathrm{j}2\pi(f_0+n\Delta f)\Big(\frac{2R_0}{c}+\frac{2v_0(t+nT_r)}{c}\Big)\Big]\Big\},\quad 0<t<T_r \end{aligned} \tag{2.79}$$

1）脉间包络走动

在一个帧周期内，目标运动造成的脉间包络走动量需小于一个采样单元(粗分辨距离单元)才能避免不完全积累，否则相当于对同距离门内的多个回波样值加矩形窗截断，从而导致能量泄漏、主瓣展宽、副瓣抬高等问题。一般地，认为目标最大速度引起的包络走动不大于半个子脉冲宽度时可忽略其影响，即

$$\frac{2v_0NT_r}{c} \leqslant \frac{\tau}{2} \Rightarrow \max(v_0) \leqslant \frac{c\tau}{4NT_r} \tag{2.80}$$

2）脉间相位失配

对式(2.79)表示的回波信号在 $t_n = 2R_0/c + t'(0<t'<\tau/2)$ 时刻进行采样，则去掉对 IFFT 结果没影响的常数项和与速度无关的项后，第 n 个脉冲的相位可表示为

$$\varphi_n = -2\pi f_0\frac{2v_0}{c}nT_r - 2\pi n\Delta f\frac{2v_0}{c}\Big(\frac{2R_0}{c}+t'\Big) - 2\pi n\Delta f\frac{2v_0}{c}nT_r \tag{2.81}$$

式中：第一、二项称为“一次相位项”，它是由载频中基频分量产生的多普勒频移在不同周期之间形成的相位变化，主要造成距离像的耦合时移，其中前者产

生的耦合时移单元为$f_0(2v_0/c)NT_r$,对应的耦合时移量为$2f_0v_0T_r/(c\Delta f)$,后者由于Δf较f_0要小得多,对IFFT结果影响很小,一般情况下可忽略;第三项称为"二次相位项",它是由载频中跳变分量产生的多普勒频移在不同周期之间形成的相位变化,主要造成距离像的波形发散和幅值衰减。

一次相位项产生的耦合时移小于半个高分辨单元时忽略其影响,则一次相位项的速度补偿精度要求为[10]

$$f_0\frac{2v_0}{c}NT_r\leqslant\frac{1}{2}\Rightarrow|\Delta V_1^{\text{error}}|\leqslant\frac{c}{4NT_rf_0} \tag{2.82}$$

假设距离像能容忍二次相位项造成的峰值幅度损失为-3dB,则二次相位项的速度补偿精度要求为

$$|\Delta V_2^{\text{error}}|\leqslant\frac{7c}{8N^2T_r\Delta f} \tag{2.83}$$

图2.11比较了静止目标与仅考虑一次相位项影响、二次相位项影响时的运动目标输出波形。

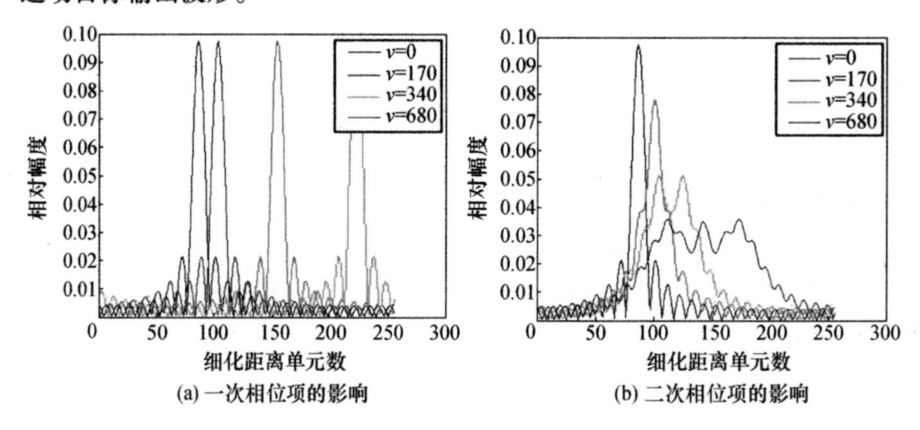

图2.11 一次相位项和二次相位项的影响(见彩图)

参考文献

[1] Skolnik M I. Radar Handbook[M]. 3rd ed. New York: McGraw-Hill, 2008.

[2] Woodward P M. Probability and Information Theory with Applications to Radar [M]. 2nd ed. Oxford: Pergemon Press, 1953.

[3] Sheng Hongsan, Orlik P, Haimovich A M, et al. On the Spectral and Power Requirements for Ultra-Wideband Transmission[C]. IEEE International Conference on communications, Anchorage, AK, 2003, 1: 738-742.

[4] Kim H, Park D, Joo Y. All-Digital Low-Power CMOS Pulse Generator for UWB System [J]. IEEE Electronics Letters, 2004, 40(24): 1.

[5] Lee J S, Nguyen C. Uniplanar Picosecond Pulse Generator Using Step Recovery Diode [J]. IEEE Electronics Letters, 2001, 37(8): 504 – 506.

[6] Zhang Cemin. Hardware Development of an Ultra – Wideband System for High Precision Localization Applications[D]. Knoxville: University of Tennessee, 2008.

[7] Zhang Cemin, Fathy A E. Reconfigurable Pico – Pulse Generator for UWB Applications [C]. IEEE MTT – S International Microwave Symposium Digest, San Francisco, OSA, 2006: 407 – 410.

[8] Kahrs Mark. 50 Years of RF and Microwave Sampling [J]. IEEE Transactions on Microwave Theory and Techniques, 2003, 51(6): 1787 – 1805.

[9] Liu Quanhua, Wang Yazhou, Fathy A E. Towards Low Cost, High Speed Data Sampling Module for Multifunctional Real – Time UWB Radar [J]. IEEE Transactions on Aerospace and Electronic Systems, 2013, 49(2): 1301 – 1316.

[10] 龙腾. 频率步进雷达信号的多普勒性能分析[J]. 现代雷达, 1996, 18(2): 31 – 37.

第3章 线性调频信号处理

如前文所述，线性调频信号是目前在雷达中应用最为广泛的信号之一，通常采用匹配滤波处理实现线性调频信号的脉冲压缩。然而，对于大带宽线性调频信号，若将其无失真采样，则采样率至少要大于单倍带宽。而为了保证雷达信号具有足够高的能量以实现中远距离探测，雷达信号一般要具有大脉宽。因此，使用高采样率对大脉宽信号进行采样势必将带来数据量过大、实时处理困难等问题，这是匹配滤波处理针对大带宽线性调频信号的固有难题。

去斜处理[1]是工程中使用最广泛的用来处理大带宽线性调频信号的方法。这种技术通过将雷达回波与参考信号混频，去除调频斜率，使线性调频信号转化为点频信号，然后进行数字采样并进行后续处理。该技术一方面对点频信号进行采样，有效降低数据量，满足实时处理需求，另一方面将目标距离信息转化为去斜率后点频信号的频率值，通过快速傅里叶变换获得一维距离像。但模拟去斜体制存在幅相一致性差等缺点，较难适应现代雷达远距离大窗口探测、高精度参数估计等需求。

近年来，国内外学者提出了子带脉压处理[2-5]方法，在接收端将大带宽线性调频信号划分为多个小带宽信号，通过并行处理，可降低数据量，满足实时性需求。这种子带脉压处理方法通过数字采样，能够进行数字幅相校正，获得较好的脉冲压缩处理结果，同时仍然具有相参性能，具备长时间相参积累能力。

随着数字器件的不断发展，数字技术越来越向着雷达前端应用。针对宽带相控阵雷达，子阵数字去斜处理技术应运而生：通过数字调制技术，对子阵间的时延进行精确补偿；通过数字去斜技术，降低数据量，满足实时处理要求；通过多通道精细同步技术，保证子阵信号的一致性。该技术可替代模拟延时线，以解决宽频带相控阵雷达宽角扫描波束发散难题，实现宽频带相控阵雷达大成像窗口、脉间相参，并可支持宽带数字多波束、零点形成以及检测前聚焦处理，提高复杂电磁环境下的抗干扰能力。通过宽频带雷达和差三通道精确校正技术,可采用宽频带进行检测、跟踪,提高雷达时间资源利用率。

此外,高速高机动复杂目标通常存在跨波束单元、跨距离单元、跨多普勒单元的“三跨”问题,且由于线性调频信号的时频耦合特性,高速运动目标会造成一维距离像耦合时移和波束发散,因此有必要对高速运动目标的影响和运动补偿进行分析。

本章将首先对匹配滤波与去斜处理进行信噪比分析,接着讨论针对大带宽线性调频信号的子带脉压处理与多子脉冲处理,随后给出针对宽带相控阵雷达的子阵数字去斜处理方法,最后分析高速运动目标的影响及其运动补偿。

3.1　匹配滤波与去斜处理信噪比分析

匹配滤波器是使输出信噪比最大的最优线性处理方法。但是,对大带宽线性调频信号进行匹配滤波存在数据量过大、实时处理困难等问题,工程中广泛使用去斜处理实现大带宽线性调频信号的脉冲压缩。由于去斜处理本质上是一个非线性处理过程,其输出信噪比与匹配滤波相比是否存在性能损失需要进一步分析。

3.1.1　匹配滤波

设发射信号为

$$s_0(t)=\mathrm{rect}\left(\frac{t}{T_\mathrm{p}}\right)\exp(\mathrm{j}\pi kt^2) \tag{3.1}$$

式中:T_p 为脉冲宽度;k 为线性调频斜率。时间原点取在脉冲持续时间的中点。不妨设调频斜率为正,发射信号带宽 $B_\mathrm{s}=kT_\mathrm{p}$。设目标回波时延为 τ_0,回波信号可以表示为

$$s_\mathrm{r}(t)=A\mathrm{rect}\left(\frac{t-\tau_0}{T_\mathrm{p}}\right)\exp[\mathrm{j}\pi k(t-\tau_0)^2] \tag{3.2}$$

式中:A 为回波信号幅度。回波信号的能量为

$$E=\int|s_\mathrm{r}(t)|^2\mathrm{d}t=A^2T_\mathrm{p} \tag{3.3}$$

设接收机的输入噪声为 $n_0(t)$,该信号是一个零均值的带限广义平稳的高斯随机过程,其带宽为 $B_\mathrm{n}(B_\mathrm{n}\geqslant B_\mathrm{s})$,功率谱密度 $N_0(f)=N_0\mathrm{rect}(f/B_\mathrm{n})$,功率$P_\mathrm{n}=N_0B_\mathrm{n}$。总输入信号为

$$x(t)=s_\mathrm{r}(t)+n_0(t) \tag{3.4}$$

经匹配滤波后的输出为

$$y(\tau) = \int x(t)s_0^*(t-\tau)\mathrm{d}t = s_y(\tau) + n_y(\tau) \tag{3.5}$$

其中,信号分量为

$$s_y(\tau) = \int s_{\mathrm{r}}(t)s_0^*(t-\tau)\mathrm{d}t = A\int s_0(t-\tau_0)s_0^*(t-\tau)\mathrm{d}t \tag{3.6}$$

在 $\tau=\tau_0$ 时取得最大值,$s_y(\tau_0)=AT_{\mathrm{p}}$,噪声分量

$$n_y(\tau) = \int n_0(t)s_0^*(t-\tau)\mathrm{d}t \tag{3.7}$$

的功率谱密度为

$$N_y(f) = \mathbb{E}[|n_y(f)|^2] = \mathbb{E}[|n_0(f)|^2]|S_0(f)|^2 = N_0\mathrm{rect}\left(\frac{f}{B_{\mathrm{n}}}\right)|S_0(f)|^2 \tag{3.8}$$

根据驻定相位原理可得

$$S(f) \approx \frac{1}{\sqrt{k}}\mathrm{rect}\left(\frac{f}{B_{\mathrm{s}}}\right)\exp\left(\mathrm{j}\,\frac{\pi}{k}f^2 - \mathrm{j}\,\frac{\pi}{4}\right) \tag{3.9}$$

由此得到匹配滤波的输出信噪比为

$$\mathrm{SNR}_{\mathrm{MF}} = \frac{|\,s_y(\tau_0)\,|^2}{\int N_y(f)\mathrm{d}f} = \frac{(AT_p)^2}{N_0\,\frac{1}{k}B_{\mathrm{s}}} = \frac{A^2T_{\mathrm{p}}}{N_0} = \frac{E}{N_0} \tag{3.10}$$

3.1.2 去斜处理

在去斜处理中,输入信号 $x(t)$ 与参考信号 $r(t)$ 相乘,然后经傅里叶变换得到输出距离像 $z(f)$。参考信号 $r(t)$ 的表达式为

$$r(t) = \mathrm{rect}\left(\frac{t}{T}\right)\exp(-\mathrm{j}\pi kt^2) \tag{3.11}$$

式中:T 为信号持续时间长度。参考信号带宽 $B_{\mathrm{r}}=kT$。令 $\Delta\tau$ 为时延范围,则 T 满足 $T=T_{\mathrm{p}}+\Delta\tau$。最终的输出为

$$z(f) = \int x(t)r(t)\exp(-\mathrm{j}2\pi ft)\mathrm{d}t = s_{\mathrm{p}}(f) + n_{\mathrm{p}}(f) \tag{3.12}$$

式中

$$\begin{aligned} s_{\mathrm{p}}(f) &= \int s_{\mathrm{r}}(t)r(t)\exp(-\mathrm{j}2\pi ft)\mathrm{d}t \\ &= AT_{\mathrm{p}}\exp(\mathrm{j}\pi k\tau^2)\,\frac{\sin\pi(f+k\tau)T_{\mathrm{p}}}{\pi(f+k\tau)T_{\mathrm{p}}} \end{aligned} \tag{3.13}$$

该信号的包络为 sinc 函数，峰值在 $f=-k\tau$ 处取得。在峰值处的信号功率为

$$P_{sf}(\tau)=|s_p(-k\tau)|^2=(AT_p)^2 \tag{3.14}$$

根据随机过程的谱表示理论，噪声功率谱 $n_p(f)$ 的分布满足

$$\mathbb{E}[|n_p(f)|^2]=\int|R(f-f')|^2 N_0(f)\mathrm{d}f \tag{3.15}$$

式中：$R(f)$ 为 $r(t)$ 的傅里叶变换，根据驻定相位原理可近似为

$$R(f)\approx\frac{1}{\sqrt{k}}\mathrm{rect}\left(\frac{f}{B_r}\right)\exp\left(\mathrm{j}\,\frac{\pi}{k}f^2-\mathrm{j}\,\frac{\pi}{4}\right) \tag{3.16}$$

由此可导出峰值点处的噪声功率为

$$\begin{aligned}P_{nf}(\tau)&=\mathbb{E}[|n_p(-k\tau)|^2]\\&=\begin{cases}\dfrac{N_0}{k}\min\{B_n,B_r\}, & |k\tau|\leqslant\dfrac{|B_n-B_r|}{2}\\[2ex]\dfrac{N_0}{k}\left(\dfrac{B_n+B_r}{2}-|k\tau|\right), & \dfrac{|B_n+B_r|}{2}<|k\tau|\leqslant\dfrac{B_r-B_s}{2}\end{cases}\end{aligned} \tag{3.17}$$

于是，去斜处理后的输出信噪比为

$$\mathrm{SNR_{ST}}=\frac{P_{sf}(\tau)}{P_{nf}(\tau)}=\begin{cases}\dfrac{E}{N_0}\,\dfrac{B_s}{\min\{B_n,B_r\}}, & |k\tau|\leqslant\dfrac{|B_n-B_r|}{2}\\[2ex]\dfrac{E}{N_0}\,\dfrac{2B_s}{B_n+B_r-2|k\tau|}, & \dfrac{|B_n+B_r|}{2}<|k\tau|\leqslant\dfrac{B_r-B_s}{2}\end{cases} \tag{3.18}$$

3.1.3 结论

定义去斜处理的信噪比损失因子 $\delta(\tau)$ 为匹配滤波输出信噪比与去斜处理的输出信噪比之比，由上述结果可得

$$\delta(\tau)=\frac{\mathrm{SNR_{MF}}}{\mathrm{SNR_{ST}}}=\begin{cases}\min\left\{\dfrac{B_n}{B_s},\dfrac{B_r}{B_s}\right\}, & |k\tau|\leqslant\dfrac{|B_n-B_r|}{2}\\[2ex]\dfrac{B_n+B_r-2|k\tau|}{2B_s}, & \dfrac{|B_n+B_r|}{2}<|k\tau|\leqslant\dfrac{B_r-B_s}{2}\end{cases} \tag{3.19}$$

不难看出，$\delta(\tau)\geqslant 1$，这意味着去斜处理的输出信噪比不高于匹配滤波的输出信噪比。另一个重要现象是信噪比损失因子随时延 τ 变化。因此去斜处理是一个时变系统，即使输入噪声是广义平稳的，其输出噪声仍然是非平稳的。最坏的情形是 $\tau=0$ 即目标回波时延与去斜参考信号的时延相同，此时信

噪比损失因子达到其最大值 $\delta_m = \delta(0)$。

当 $B_n > B_r$ 时,最大信噪比损失因子 $\delta_m = B_r/B_s$。在输入信号参数一定的条件下,回波信号时延范围 $\Delta\tau$ 的扩大将会导致去斜参考信号的带宽 B_r 变宽,从而引起输出信噪比的降低。

当 $B_n < B_r$ 时,最大信噪比损失因子 $\delta_m = B_n/B_s$。特别地,当输入噪声带宽 B_n 与信号带宽 B_s 相等时,$\delta_m = 1$,即去斜处理信噪比与匹配滤波相比没有损失。

3.2 大带宽线性调频信号子带脉压处理方法

本节介绍两种宽带线性调频信号直接采样快速处理技术:一种技术是基于频带分割、子带脉压和多通道综合实现宽带线性调频信号脉冲压缩的处理方法;另一种技术是基于频带分割、子脉冲压缩以及等效宽带脉冲多普勒处理的多子脉冲处理方法。两种技术都解决了对宽带信号的高速采样问题,同时提高了信号处理实时性。

3.2.1 子带脉压处理

基于子带脉压的宽带信号脉冲压缩处理方法有效地克服了宽带雷达信号直接进行 A/D 转换的难题,该技术是在目前硬件水平下可实现的宽带雷达信号脉冲压缩方法。同时,由于每个子频带的带宽减小,采样率得到降低,且可以采用并行处理方法进子带脉压,因此信号处理的实时性得到提高。

3.2.1.1 基本原理

对于宽带线性调频信号,一方面较难直接进行 A/D 转换,另一方面采样点数过大也会降低匹配滤波脉冲压缩的处理速度,因此考虑采用并行的方式进行子带脉压处理,来解决这两个问题。

基于子带脉压的宽带信号脉冲压缩处理系统结构如图 3.1 所示,该系统针对零中频宽带信号。在该系统中,接收信号 $r(n)$ 和参考信号 $s_{ref}(n)$ 首先分别乘以各子频带的调制因子,将各子频带分别调制到零中频,然后再通过分析滤波器 $h(n)$ 和脉冲压缩滤波器 $g(n)$ 即可在频域实现频带分割。接着分别在各子带内对信号进行 N 倍抽取,以降低数据量,减轻信号处理的压力,提高信号处理的实时性。之后将相对应的子带回波信号和子带参考信号相乘进行脉冲压缩得到子带脉压后的信号,并分别对各子带脉压后的信号进行 N 倍插值。脉冲压缩的过程在频域实现。最后,将插值后的各子带信号分别通过综

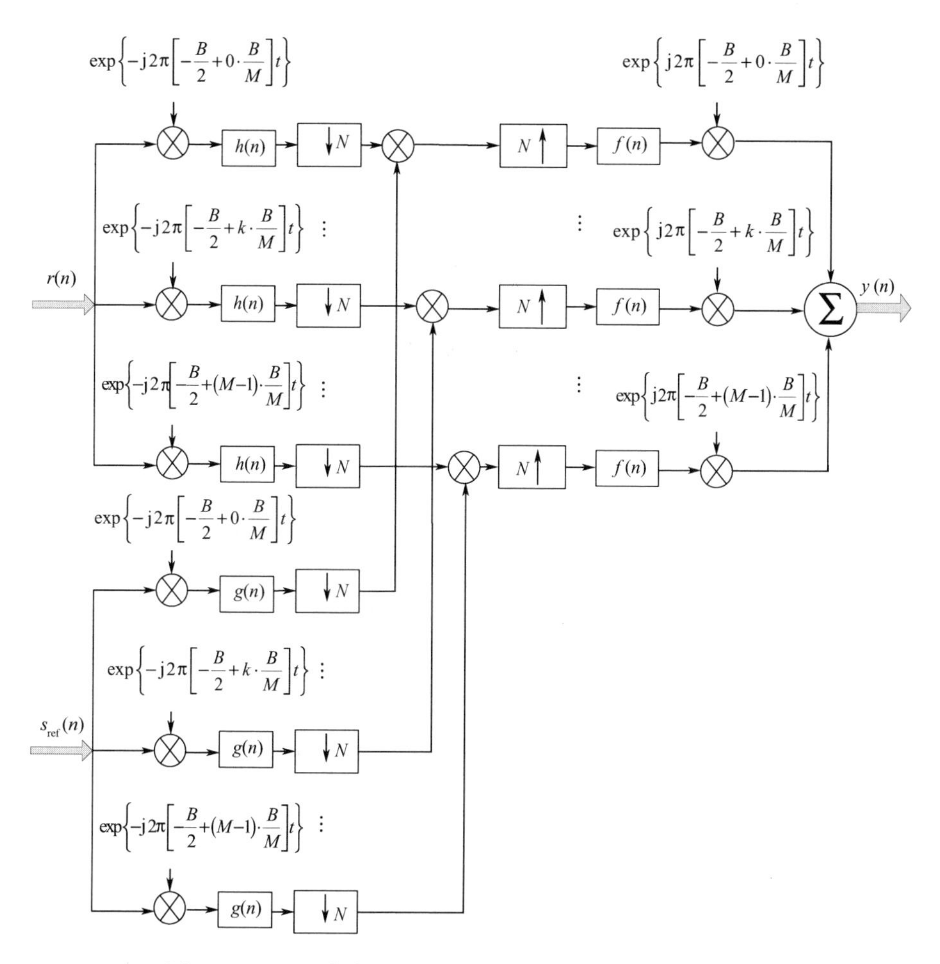

图 3.1　基于子带脉压的宽带信号脉冲压缩处理系统结构图

合滤波器$f(n)$并乘以相应的调制因子实现频谱的搬移,各子带的时域信号相加之后就可以得到最终的脉冲压缩后的信号。

在图 3.1 中,在分析滤波器$h(n)$和脉冲压缩滤波器$g(n)$之后,以及综合滤波器$f(n)$之前都对信号乘上了相应通道的调制因子,这是为了实现频谱的搬移。在频带分割之前,需要先将各个通道的子频带搬移到零中频,然后通过相应的低通滤波器完成频带的分割。类似地,在频带综合之前,也需要将子带脉压后的子频带搬移到原来的位置,才能完成多通道的综合。

在实际工程中,首先通过模拟滤波器组实现对回波信号$r(n)$的频带分割,在每个子带上采用相对低速的 A/D 转换进行直接采样,然后在数字域对各子带回波信号进行子带脉冲压缩,最后进行子带脉压插值和多通道综合,即可完成基于子带脉压的宽带信号脉冲压缩处理。

该方法具有以下优点：

(1) 在模拟域上进行频带分割有效地降低了对 A/D 转换器件的要求；

(2) 对于高速目标，由于子带信号相对带宽下降，可以在各通道采用固定多普勒频率进行速度补偿；

(3) 对用于频带分割的滤波器组要求不高；

(4) 综合脉压性能对通道数不敏感，可以根据现有 A/D 转换器件的性能，设计出经济有效的子带脉压系统；

(5) 采用并行处理方式，有效地提高了信号处理的运算速度，提高了系统的实时性。

3.2.1.2 仿真结果

对雷达回波信号分别进行匹配滤波脉冲压缩和子带脉压，得到的脉压结果如图 3.2 所示。线性调频信号带宽为 500MHz，脉宽为 20μs，划分子带数为 5 个。从图中可以看出，经过子带脉压得到的最终结果其旁瓣高度为 −13.05dB，与直接匹配滤波脉冲压缩得到的旁瓣高度 −13.26dB 接近。因此可以得出结论：基于子带脉压的脉冲压缩处理技术是直接匹配滤波脉冲压缩的良好近似，两者性能比较接近，从而证实了子带脉压的可行性。

3.2.2 多子脉冲处理

基于宽带脉冲多普勒处理的宽带线性调频信号多子脉冲处理方法，将大时宽带宽线性调频信号用频分的方法在接收回波中分为多个子脉冲，利用频率步进处理的方法相比去斜和直采方法具有自身的优越性。这种方法将大带宽线性调频信号划分为子频带的脉冲，便于系统对不同频点进行幅相一致性校正，实现较理想的匹配处理。该方法还可实现较大探测距离窗口，同时多子脉冲带宽较小，降低了采样频率及数据量。

3.2.2.1 基本原理

大时宽带宽线性调频信号多子脉冲划分如图 3.3 所示，设信号总带宽为 B，时宽为 T_p，将此信号划分为 N 个子脉冲，N 为正整数。因此可得每个子脉冲调频带宽 $b=\Delta f=B/N$，时宽 $T_0=T_p/N$。

适当地选择 N 可以保证子脉冲的压缩比 $\Delta f\cdot T_0\ll 1$，以保证其频谱接近矩形，以便进行脉冲压缩。

大时宽带宽线性调频信号多子脉冲处理流程如图 3.4 所示。首先通过相

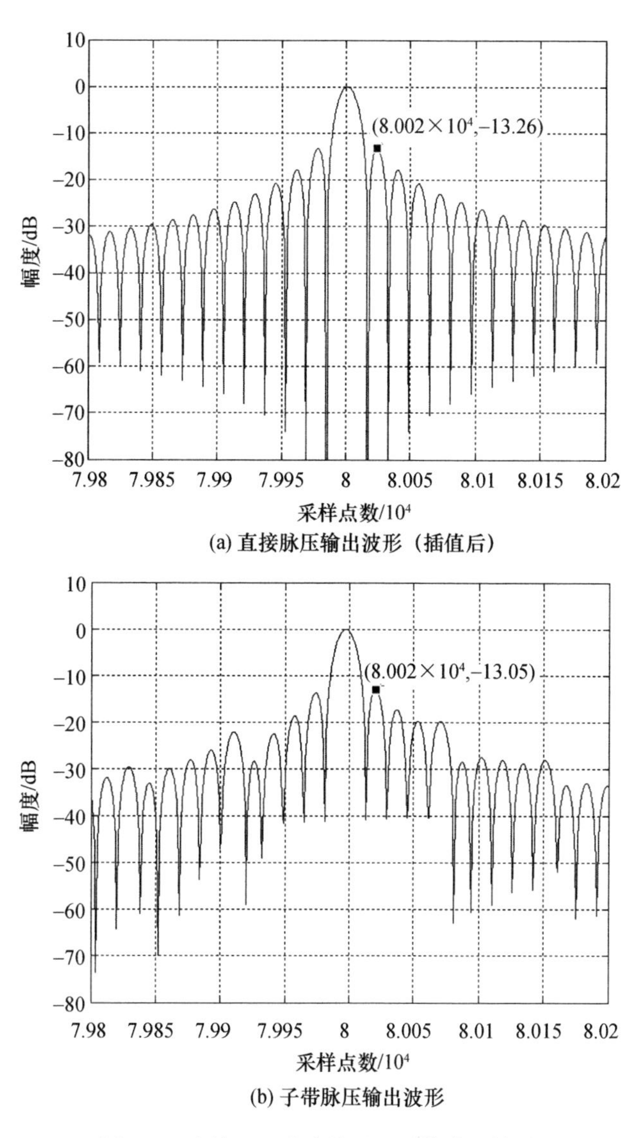

(a) 直接脉压输出波形（插值后）

(b) 子带脉压输出波形

图 3.2　直接匹配滤波脉压和子带脉压结果

位检波和低通滤波将各子脉冲在频率域区分开来；各子脉冲再经过脉冲压缩得到子脉冲压缩后脉冲宽度 $\tau_c = 1/\Delta f$ 的零中频脉冲。为了消除由目标速度造成的回波信号的耦合时移和波形发散，需要对子脉冲脉压后的结果进行速度补偿。速度补偿之后即可进行帧间脉冲多普勒（PD）处理和帧内步进频的IFFT处理，得到目标的二维高分辨结果，再经过二维恒虚警检测后即可同时得到目标的距离和速度信息。

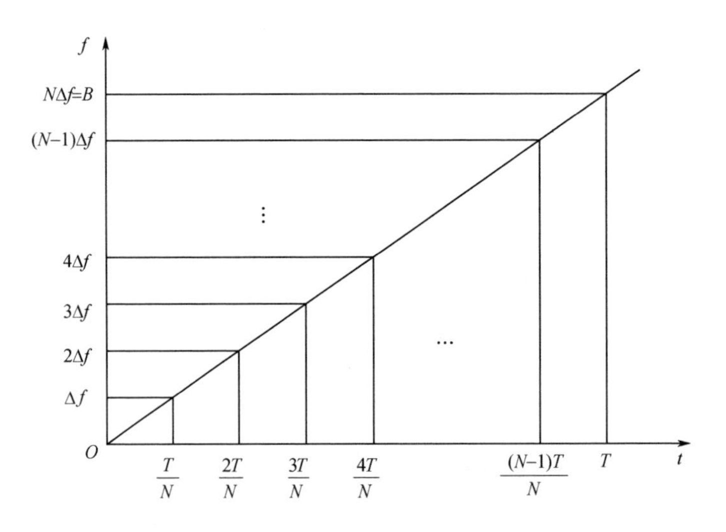

图 3.3　大时宽带宽线性调频信号多子脉冲划分图

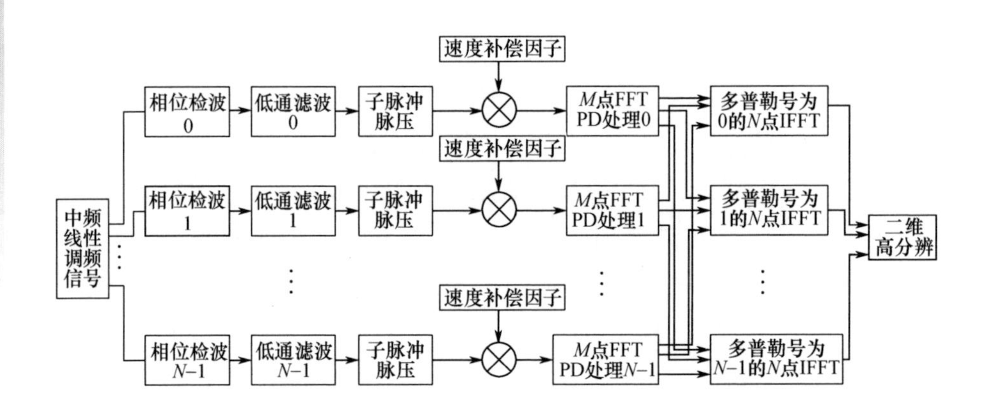

图 3.4　大时宽带宽线性调频信号多子脉冲处理流程图

为了得到一维高分辨距离像，可对单帧线性调频信号进行步进频处理，具体处理方法在步进频处理中将进行详细介绍。

各子脉冲的中心频率跳变为 Δf，由于 $\Delta f \cdot \tau_c = 1$，各子脉冲为正交，故可用频分的方法把各子脉冲区分开。

3.2.2.2　仿真结果

对雷达回波信号进行大时宽带宽线性调频信号多子脉冲处理得到的二维高分辨结果及其等高线如图 3.5 所示。X 波段线性调频信号带宽为 1GHz，脉宽为 20μs，脉冲重复周期为 100μs，划分子脉冲个数为 20 个，积累 16 帧脉冲。

从仿真结果可以看出,目标距离为 1m,这是由步进频处理的最大不模糊距离造成的,通过解距离模糊即可得到目标的真实距离。此外,目标运动速度为 50.15m/s,由于目标速度本身在最大不模糊速度以内,因此这个速度就是目标的真实速度。

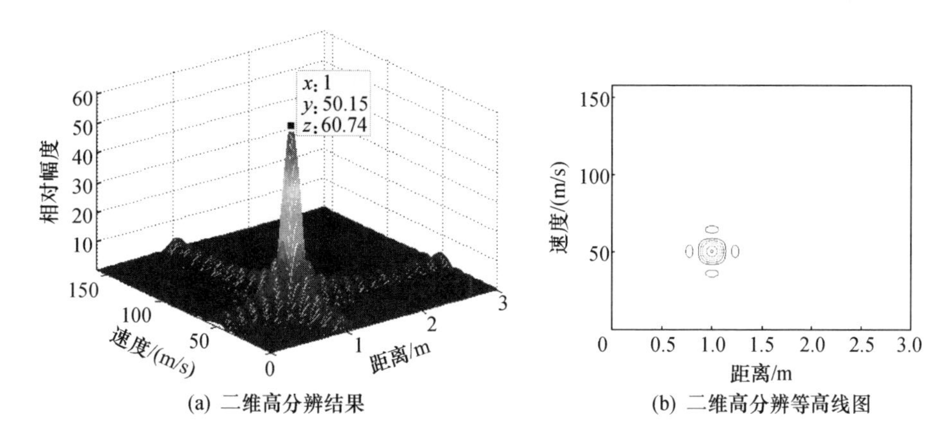

图 3.5　二维高分辨结果及等高线图(见彩图)

设置信噪比为 20dB,进行单帧线性调频信号处理,子脉冲划分个数仍为 20 个。采用简单舍弃法进行抽取拼接,得到目标的高分辨一维距离像,如图 3.6 所示。可以看出,多子脉冲处理方法与直接匹配滤波脉冲压缩处理方法结果基本一致,二者峰值旁瓣比与主瓣宽度指标相当,但多子脉冲处理却可以显著降低采样率,减少数据量,满足实时处理需求。

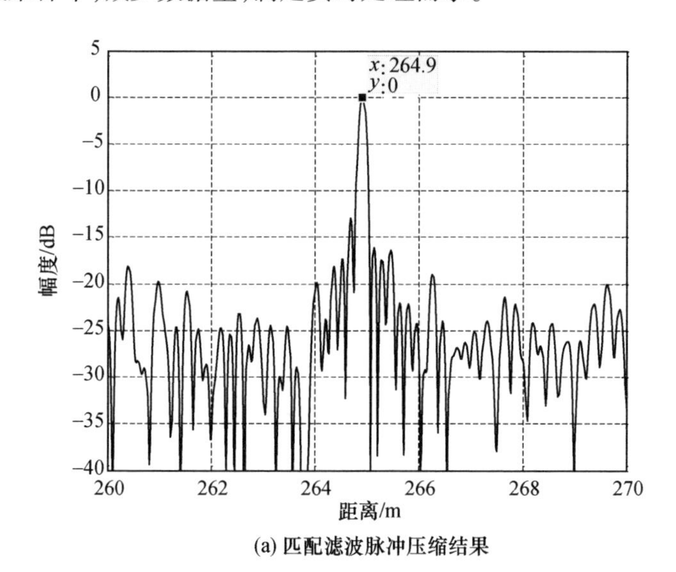

(a) 匹配滤波脉冲压缩结果

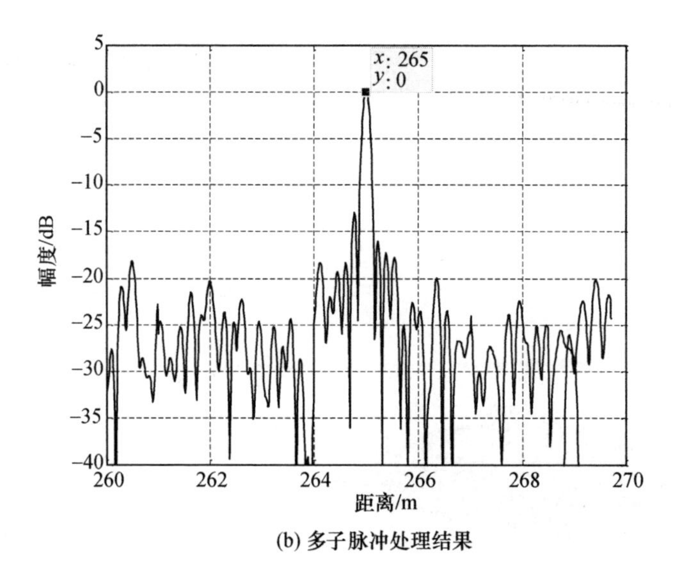

(b) 多子脉冲处理结果

图 3.6 匹配滤波脉冲压缩和多子脉冲处理高分辨一维距离像

3.3 宽带相控阵雷达子阵数字去斜处理

3.3.1 子阵数字去斜原理

在大扫描角情况下,宽频带相控阵雷达天线扫描波束随着频率变化会发生指向的偏移,这称为相控阵天线的孔径效应[6-7]。随着天线口径的增加,不同天线单元之间雷达波的传输时间差将不可忽略,发射和接收信号将无法相参叠加,这就是孔径渡越时间问题[6]。若不进行有效的补偿,将导致雷达回波信号幅度损失,造成雷达威力下降,严重影响雷达系统性能。针对上述问题,通常使用实时延时线(TTD)和移相器共同实现波束控制。考虑到在每个天线单元进行补偿设备量过多,工程上多在子阵级采用实时延时线、在子阵内采用移相器[6,8]的方法。传统的模拟延时线体积大、价格昂贵、量化精度低,在宽温范围内难以做到高精度延时。即便在子阵级别上采用实时延时线,其数量仍然十分庞大,增加了系统的成本、重量和复杂度。近年来光实时延时线(OTTD)逐渐受到重视,相比于传统的模拟延时线,可以减小雷达系统体积、重量,改善传输特性,提高雷达的可靠性、机动性[9]。但就目前而言,该项技术远未到实际应用阶段,因为在具体工程实现时需要解决光延时线微波信号杂散大、相噪差等问题;此外光电子器件需适应宽温范围,造价昂贵也是影响其应用的原因。美国麻省理工学院(MIT)林肯实验室提出了一种基于瞬时宽带线性调频信号的通过两次延时完成波束发散补偿的子阵去斜方法[8-9],国内文树梁等也提出了一种基于线性调频信号的固态相控阵雷达多通道孔径渡越时间数字补偿技术[10]。这两种方法均不使用模拟延时线，且在子阵级采用工程中常用的模拟去斜体制，对去斜后的信号进行采样，大大降低了采样率和运算量。但由于调频非线性、宽带系统幅相失真等具有移变特性，即幅相失真因子随着距离的变化而改变，难以完全补偿，大大影响成像结果，因此模拟去斜体制的相控阵雷达成像窗口只有百米量级[11]。

子阵数字调制相控阵雷达体制是利用线性调频信号时频耦合特性，在子阵级通过数字频率调制，来进行不同通道的精细信号延时，从而达到各子阵的信号相参合成，解决宽频带雷达宽角扫描波束发散问题。其硬件基础是发射过程各子阵采用高速直接数字频率合成(DDS)器件产生宽带中频信号，接收过程各子阵采用高速 A/D 转换器件对高中频回波进行采样。通过数字调制技术，能够对子阵间的时延进行精确补偿；通过数字去斜技术，能够降低数据量，满足实时处理要求；通过多通道精细同步技术，能够保证子阵信号的一致性。

针对接收过程，采用基于数字去斜的宽带直采回波处理技术，其实现框图如图 3.7 所示，各子阵采用高速 A/D 转换器件对高中频回波进行采样，在数字域进行数字去斜与延时处理，以减小运算量，满足实时处理要求。

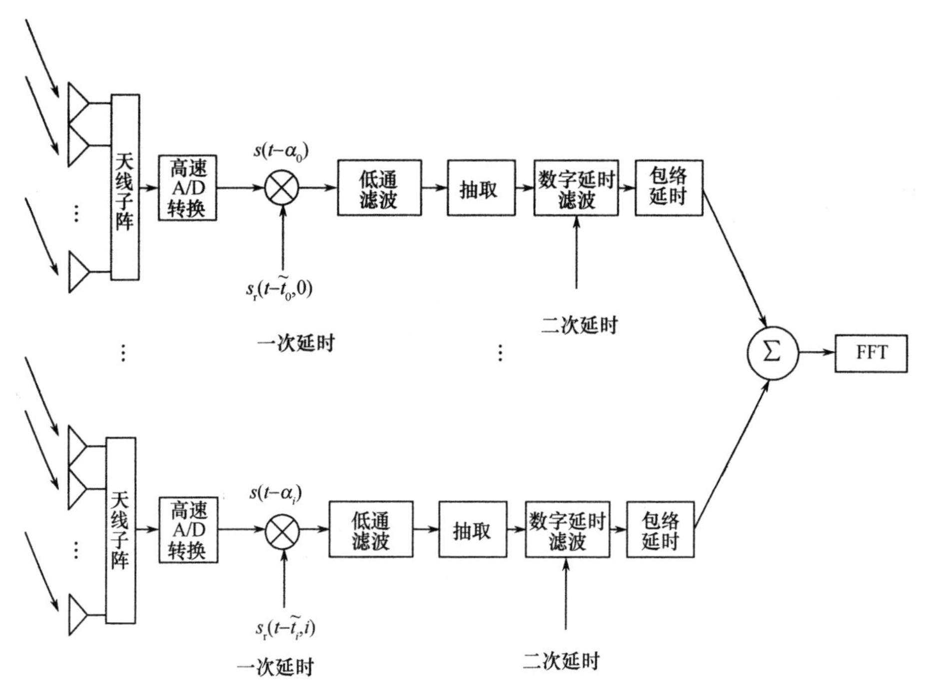

图 3.7　基于数字去斜的直采回波处理实现框图

假设相控阵雷达发射线性调频信号,第 i 个通道接收到的回波信号经过混频滤波、二次延时后输出信号为

$$s_{\mathrm{b}}(t)=\frac{1}{2}\mathrm{e}^{\mathrm{j}2\pi k(\Gamma-\Delta)t}\mathrm{e}^{\mathrm{j}2\pi k(\Gamma-\Delta)\beta_i}\mathrm{e}^{\mathrm{j}\phi(\Gamma+\beta_i,\Delta+\beta_i)}\cdot\mathrm{rect}\left(\frac{t-\Delta}{T}\right)\mathrm{rect}\left(\frac{t-\Gamma}{T}\right) \tag{3.20}$$

式中:k 为调频斜率;t 表示时间;$\Delta+\beta_i$ 为通道 i 接收到的回波信号相对于发射时刻的时间延迟量,其中 Δ 为目标相对于参考通道的时间延迟量,与通道 i 无关,β_i 为通道 i 与参考通道的时延,仅与波束指向、天线结构、通道号 i 有关;Γ 为估计出的目标与参考通道真实距离的时延,与通道 i 无关;T_{p} 为脉冲宽度。混频输出信号的相位可表示为

$$\phi(\Gamma+\beta_i,\Delta+\beta_i)+2\pi k(\Gamma-\Delta)\beta_i=2\pi\left[f_0(\Gamma-\Delta)+\frac{k}{2}(\Delta^2-\Gamma^2)\right] \tag{3.21}$$

式中:f_0 为中心频率。由上式可知,两次延时后的信号相位与通道 i 无关,各通道间的信号能够实现相参合成。相比于模拟延时线,该技术采用全数字处理,成本低,精度高,可有效保证通道间幅相一致性,从而提升雷达成像质量与参数测量精度。

子阵数字去斜需要着重考虑的关键技术包括:

1)基于数字调制的子阵时延精确补偿技术

宽频带相控阵雷达子阵数字调制技术在子阵级采用高速 DDS 器件产生宽带高中频信号,通过数字频率调制技术,可实现不同子阵间时延的精确补偿;对于回波信号采用高速 ADC 进行采样,经过数字去斜处理后,通过数字频率调制技术,可实现子阵间回波信号时延精确补偿。

2)基于数字调制的子阵发射信号时延精确补偿

为了保证各个天线的发射信号在空间目标处同时同相叠加,需要对不同天线通道的信号进行延时,以补偿由于天线波束指向偏离法线带来的波程差。

由于各子阵射频本振源同相,因此只要在不同子阵的 DDS 单元通过数字频率调制技术产生经过数字调制的中频发射信号,即可实现子阵间时延的精确补偿。

3)基于数字调制的子阵接收信号时延精确补偿

子阵接收信号经过去斜处理之后,要实现不同子阵信号相参处理,还必须进行两次时延处理:第一次时延通过调整单频本振和宽带本振参数设置来实现频率变化,可消除通道间频率偏移,解决测距模糊;第二次时延通过有限长

单位冲击响应(FIR)数字滤波器实现,可消除通道间相位偏移,实现相参处理。

通过两级时延消除测距模糊,能够实现相控阵雷达子阵信号相参合成,可补偿大口径宽带相控阵雷达宽角扫描时孔径渡越时间引起的波束发散,具有精度高、成本低、结构简单等优点。

3.3.2 原理实验验证

为验证宽频带相控阵雷达子阵数字调制新技术,本书作者所在团队研制了高速数字收发单元并构建了验证平台,如图 3.8 所示。该数字收发验证平台包括 2 个数字收发单元,每个单元包含 4 个转换频率为 1.6 吉次采样/s 的高速 ADC 通道和 4 个工作频率为 1.6 吉次采样/s 的高速 DAC 通道。该验证平台产生 1.2GHz 中频信号的通道间相位一致性实测指标小于 2°,对应时间同步精度为 4.6ps,采集 1.2GHz 中频信号的通道间相位一致性实测指标小于 4°,对应时间同步精度为 9.2ps。

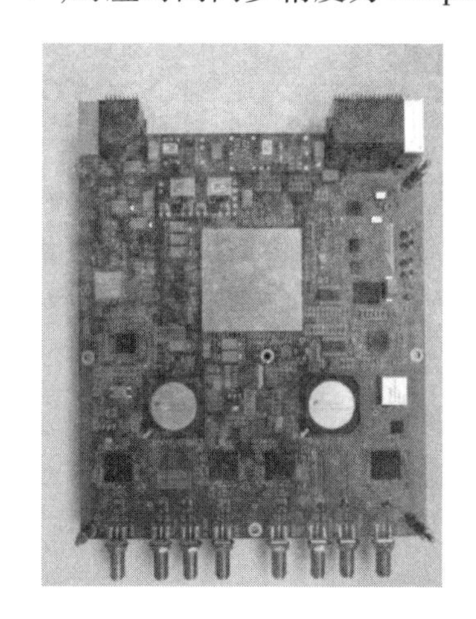

图 3.8　数字收发单元及数字收发验证平台实物照片

3.3.2.1 基于数字调制的子阵发射信号时延精确补偿实验验证

利用数字收发单元构建的实验场景如图 3.9 所示。首先使用等长线缆将 4 个发射通道校准,使其两两之间相位差小于 5°。通道校准后,采用 4 根不等长的射频线缆(1.6m、2.0m、2.4m、2.8m)将不同发射通道连接至示波器不同通道。发射线性调频信号带宽为 600MHz,分别用示波器采集发射信号时延补偿前后的波形,将通道 1 与通道 2 结果绘制于图 3.10。可以看出,经过时延补偿后,不同通道信号可以同相相参叠加。

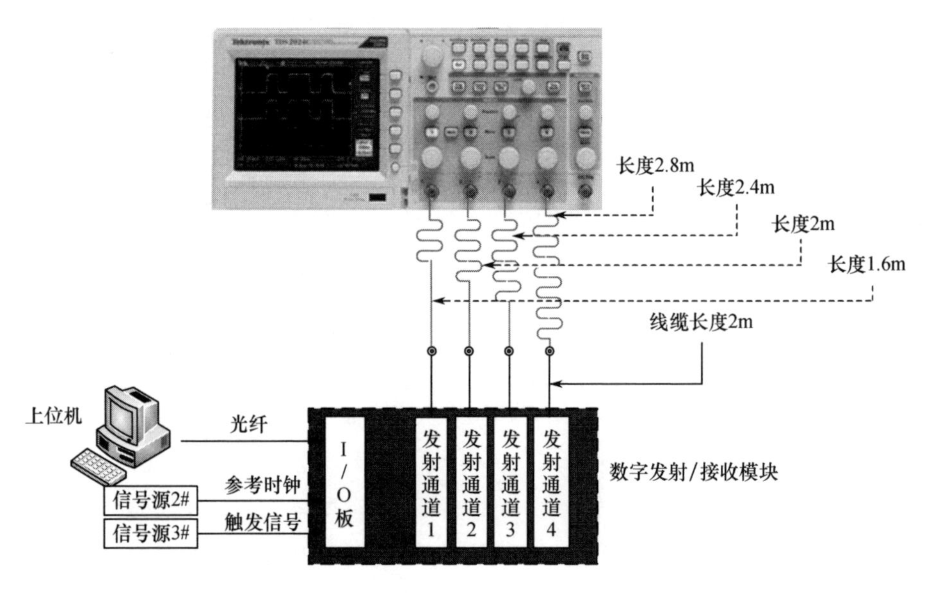

图 3.9 发射信号时延精确补偿实验连接图

3.3.2.2 基于数字去斜的宽带直采信号处理实验验证

利用数字收发单元进行宽带直采信号处理,实验场景如图 3.11 所示。将发射通道 1 输出的信号进行滤波放大后,进行 1 分 4 功率分配,使用等长线缆首先校准各接收通道,使其两两之间相位差小于 5°。通道校准后,采用四根不等长的射频线缆(1.6m、2.0m、2.4m、2.8m)将功分输出信号连接至不同接收通道。发射线性调频信号带宽为 600MHz,采用 4 个通道分别接收信号并进行宽带直采数字去斜处理,对比接收信号时延精确补偿前后的一维距离像,如图 3.12 所示。从图中可以看出,经过对接收信号进行时延精确补偿,基于数字去斜的宽带直采信号处理可使不同通道信号相参叠加。

3.3.2.3 宽频带幅相补偿精确校正技术实验验证

基于接收信号对宽频带幅相补偿精确校正技术进行实验验证,线性调频信号中心频率为 1.2GHz,带宽为 600MHz,脉宽为 10μs。幅相补偿前后回波频谱的幅度和回波相位如图 3.13 所示,可以看出,经过幅相补偿,回波信号的幅相失真得到明显改善,幅度误差降低至 2dB 以内,相位误差降低至 ±4°以内。对带宽为 600MHz,脉宽为 1ms 的接收信号经过数字去斜处理之后的结果如图 3.14 所示。可以看出,经过幅相补偿之后,可大大改善一维距离像旁瓣不对称现象。

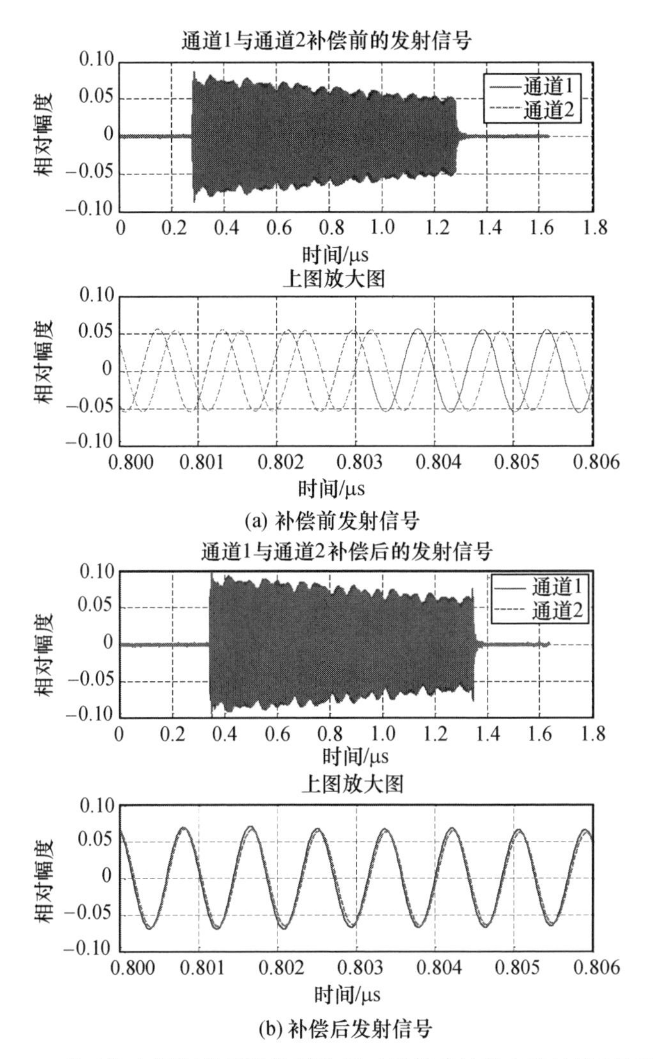

图 3.10　基于数字调制的子阵发射信号时延精确补偿实验结果(见彩图)

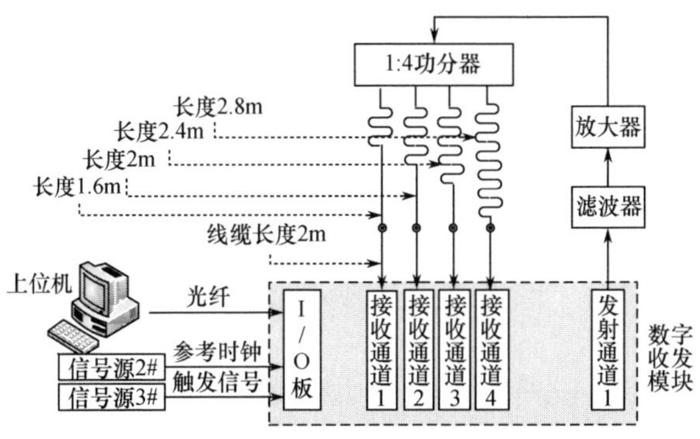

图 3.11　基于数字去斜的宽带直采信号处理实验连接图

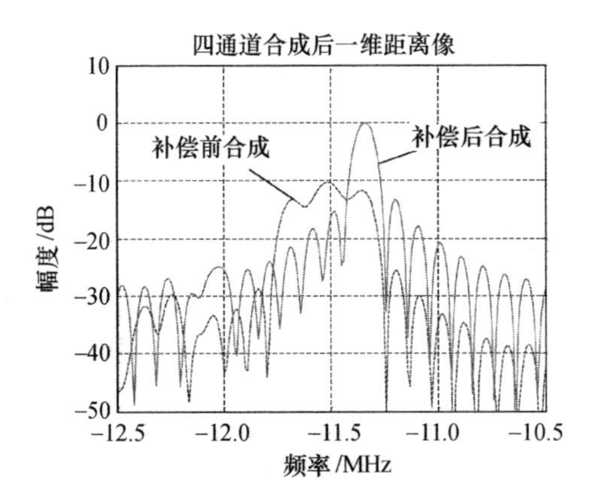

图 3.12　基于数字去斜的宽带直采信号处理实验结果

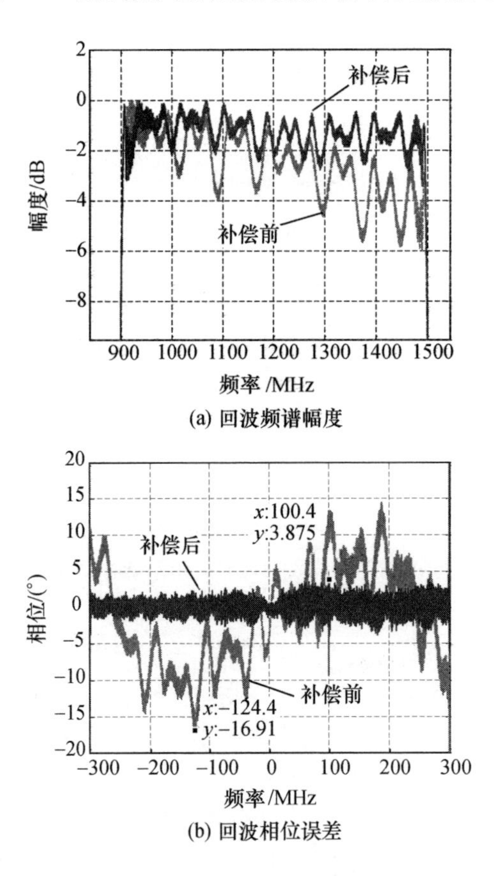

图 3.13　幅相补偿前后回波频谱的幅度和相位误差

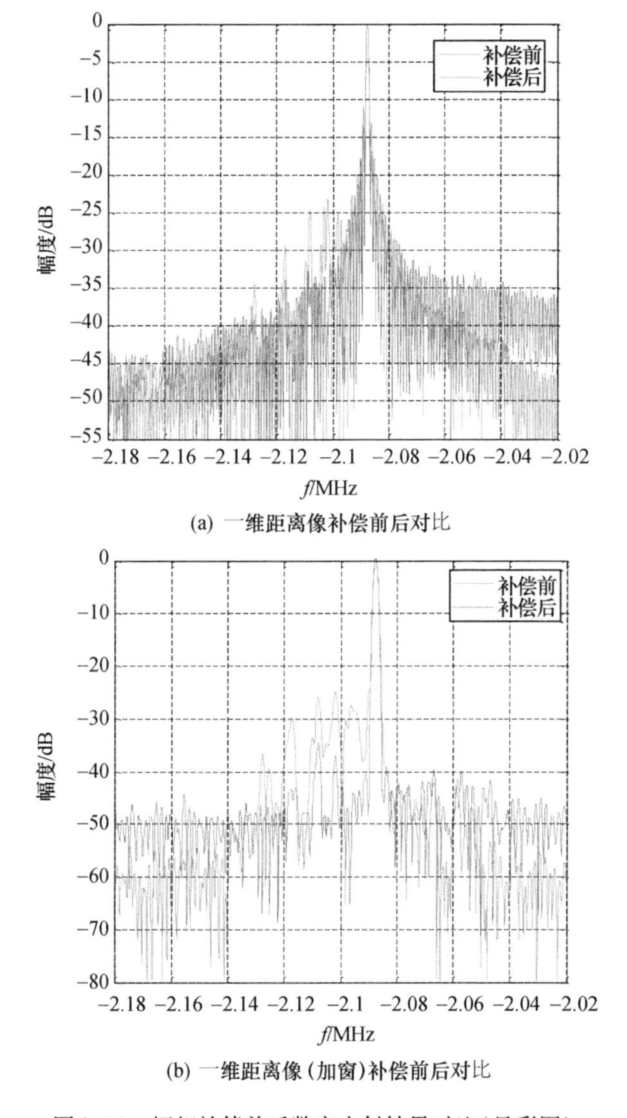

(a) 一维距离像补偿前后对比

(b) 一维距离像(加窗)补偿前后对比

图 3.14　幅相补偿前后数字去斜结果对比(见彩图)

3.4　高速运动目标的影响及其运动补偿

3.4.1　多普勒容限与运动补偿

信号的多普勒容限定义为模糊函数的最大点下降 3dB 所得切面对应的多普勒方向的最大宽度[12,13]。仍以线性调频信号为例,其表达式如下:

$$f(t) = \mathrm{rect}\left(\frac{t}{T_{\mathrm{p}}}\right)\exp(\mathrm{j}\pi k t^2 + \mathrm{j}2\pi f_0 t) \tag{3.22}$$

将其代入 2.2.1 节的宽带模糊函数，可得[14,15]

$$\chi(\tau,\delta) = \exp\left[\mathrm{j}2\pi\left(f_0\tau + \frac{k}{2}\tau^2\right)\right]\exp\left(-\mathrm{j}\frac{\pi s_B^2}{2s_A^2}\right)\frac{1}{2s_A}\times$$
$$\left\{\left[C\left(\frac{s_B}{s_A}+s_A\right)-C\left(\frac{s_B}{s_A}-s_A\right)\right]+\mathrm{j}\left[S\left(\frac{s_B}{s_A}+s_A\right)-S\left(\frac{s_B}{s_A}-s_A\right)\right]\right\} \tag{3.23}$$

式中：τ 为时延；$\delta \approx 2v/c$ 为速度时间压缩因子；f_0 为载频；k 为线性调频率；$C(\cdot)$和 $S(\cdot)$为菲涅耳积分。

$$C(x) = \int_0^x \cos\left(\frac{\pi}{2}y^2\right)\mathrm{d}y \tag{3.24}$$

$$S(x) = \int_0^x \sin\left(\frac{\pi}{2}y^2\right)\mathrm{d}y \tag{3.25}$$

此外

$$s_A = T\sqrt{k|\delta|(1-\delta/2)},\quad s_B = T(f_0\delta + k\tau) \tag{3.26}$$

计算式(3.23)的模，并对 s_B 求导，可知模糊函数的模在 $s_B=0$ 时有最大值，且当最大值下降 3dB 时，$s_A=1.32$，此时多普勒容限为

$$f_{\mathrm{d}} = \frac{3.84}{BT} \tag{3.27}$$

式中：B 为信号带宽；T 为信号时宽。

因此，将速度时间压缩因子 δ 进行替换，可得在信号处理中不需要进行运动补偿的目标最大速度为

$$v_{\max} = \frac{0.87c}{BT} \tag{3.28}$$

如某宽带雷达的带宽为 500MHz，时宽为 300μs，则可算出不需要进行运动补偿的目标最大速度为 1740m/s。当目标速度超过式(3.28)定义的最大值时，就需要进行运动补偿。考虑到目标运动与不运动时的频率差为

$$\Delta f = f_0(1-a) + k(1-a^2)(t-\tau_l) \tag{3.29}$$

式中：$a=1-\delta$；下标 l 表示脉冲周期。只要对上式进行积分，就可以得到补偿函数：

$$H(t,l)=\mathrm{rect}\left(\frac{t-\tau_l}{T_\mathrm{p}}\right)\exp[\mathrm{j}2\pi f_0(1-a)(t-\tau_l)]\exp[\mathrm{j}\pi k(1-a^2)(t-\tau_l)^2] \tag{3.30}$$

3.4.2 宽带雷达的运动补偿

3.4.2.1 宽带信号的多普勒频移

由多普勒频率 f_d 的定义可知，f_d 由径向速度和雷达工作频率决定。因此，使用宽带信号探测高速运动目标时，发射信号中不同频率成分产生的多普勒频率可能相差很大。图 3.15 表示了超宽频带线性调频信号探测不同速度目标的回波时频图：静止目标回波与发射信号相同；低速运动目标可近似看作只有一个多普勒频移，其时频图斜率只有很小变化并可以忽略；高速运动目标回波的时频图斜率很大，回波频谱与发射信号失配较严重。所以，在进行运动补偿时，不仅需要考虑目标运动引起的脉间多普勒变化，也需要考虑宽带信号引起的脉内多普勒频移。

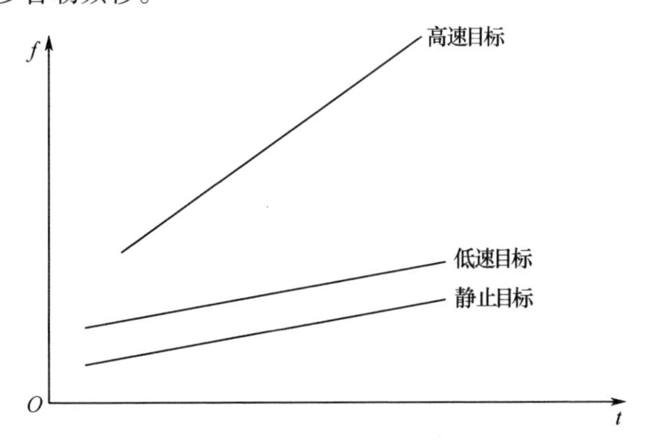

图 3.15　超宽带信号回波时频图示意图

3.4.2.2 脉内多普勒分析与补偿

在高分辨力雷达中，为了减轻硬件负担，提高信号处理的实时性，通常采用去斜处理。而经去斜处理的线性调频信号可以表示为

$$s_\mathrm{r}(t;v,R)=\mathrm{rect}\left(\left(t-\frac{2R}{c+v}-T_\mathrm{p}/2\right)/T_\mathrm{p}\right)\exp(\mathrm{j}2\pi\phi(R)+\mathrm{j}2\pi f_v t+\mathrm{j}\pi k_v t^2) \tag{3.31}$$

式中

$$\phi(R)=f_0\frac{2R_{\text{ref}}}{c}+f_0\frac{2R}{c+v}+\frac{1}{2}k\left(\frac{2R}{c+v}\right)^2-\frac{1}{2}k\left(\frac{2R_{\text{ref}}}{c}\right)^2 \tag{3.32}$$

$$f_v=-\frac{2v}{c+v}f_0-k\frac{c-v}{c+v}\frac{2R}{c+v}+k\frac{2R_{\text{ref}}}{c} \tag{3.33}$$

$$k_v=k\left(\frac{c-v}{c+v}\right)^2-k=-k\frac{4vc}{(c+v)^2} \tag{3.34}$$

由式(3.31)可知:①当一个脉冲内目标运动可视为匀速直线运动时,相位 $\phi(R)$ 为常数项;② f_v 的第二项和第三项分别与目标距离以及参考距离 R_{ref} 有关,而第三项会引起目标距离的移动,需要进行补偿;③ k_v 对频率(距离)有调制作用,会引起频谱(距离像)的扩展及移动,因此,也需要进行补偿。

综上,考虑脉内多普勒影响的回波运动补偿函数为

$$H(t,v)=\exp\left(\mathrm{j}2\pi\frac{2v}{c+v}f_0t-\mathrm{j}\pi k_vt^2\right) \tag{3.35}$$

参考文献

[1] Caputi W J. Stretch: A Time – Transformation Technique [J]. IEEE Transactions on Aerospace and Electronic Systems,1971,7(2):269 – 278.

[2] Rabinkin Daniel, Nguyen Truong. Optimum Subband Filterbank Design for Radar Array Signal Processing with Pulse Compression [J]. Sensor Arrayand Multichannel Signal Processing Workshop,2000:315 – 321.

[3] 符维,李明,刘芳. 基于子带脉冲压缩的雷达宽带接收方法[J]. 火控雷达技术,2010,39(4):47 – 51.

[4] 水鹏朗,保铮. 基于频带分割的超宽带雷达脉冲压缩方法[J]. 电子学报,1999,27(6):50 – 53.

[5] Tarran C, Mitchell M, Howard R. Wideband Phased Array Radar with Digital Adaptive Beamforming [J]. High Resolution Radar and Sonar,2002,1:1 – 7.

[6] 严济鸿. 宽带相控阵雷达波束控制技术研究[D]. 成都:电子科技大学,2011.

[7] 张光义,赵玉洁. 相控阵雷达技术[M]. 北京:电子工业出版社,2006.

[8] Rabideau D J. Improved Wideband Time Delay Beam – Steering [J]. The Thirty – Fifth Asilomar Conference on Signals, Systems and Computers, 2001,2(2):1385 – 1390.

[9] Rabideau D J. Digital Array Stretch Processor Employing Two Delays: US,6624783[P]. 2003 – 09 – 23.

[10] 文树梁,袁起,毛二可,等. 宽带相控阵雷达 Stretch 处理孔径渡越时间数字补偿技术[J]. 电子学报,2005,33(6):961 – 964.

[11] 汪欣,陈海红. 宽带信号全数字去斜与脉压方法研究[J]. 现代雷达,2011,33(9):

34 - 36.

[12] Kramer S A. Doppler and Acceleration Tolerances of High - Gain, Wideband Linear FM Correlation Sonars [J]. Proceedings of the IEEE, 1967, 55(5): 627 - 636.

[13] Doisy Y, Deruaz L, Beerens S P, et al. Target Doppler Estimation Using Wideband Frequency Modulated Signals [J]. IEEE Transactions on Signal Processing, 2000, 48(5): 1213 - 1224.

[14] 文树梁,袁起,何佩坤,等. 宽带线性调频雷达信号多普勒效应分析与处理[J]. 系统工程与电子技术,2005,27(4):573 - 577.

[15] 李磊,任丽香,毛二可,等. 频率步进信号宽带模糊函数及其应用[J]. 北京理工大学学报,2011,31(7):844 - 848.

第4章 频率步进信号处理

早在20世纪60年代就有学者对频率步进信号开展相关研究。K. Ruttenberg和L. Chanzit于1968年首次提出采用频率步进脉冲串获得高距离分辨力的方法[1]。1984年,T. H Einstein对频率步进脉冲串获取一维距离高分辨力的方法进行了详细的描述,给出了理论分析及仿真计算结果,并提出高分辨距离像(HRRP)的概念[2],后来由D. R Wehner修正为合成高分辨距离像(Synthetic HRRP)[3],D. R. Wehner在文献[3]中还分析了频率步进信号实现距离高分辨力成像的基本原理和多普勒效应问题。

现有的频率步进信号处理方法包括逆快速傅里叶变换(IFFT)法、时域合成法、频域合成法、时频处理法等。IFFT法简单、高效,但是存在距离模糊及冗余,会导致目标折叠问题。为了得到高分辨一维距离像,研究人员提出了多种目标抽取拼接的方法,例如舍弃法、同距离选大法、叠加法、对角线法、幅度内插法等[4-12]。国外也有类似目标抽取概念的研究[13-16]。此外还有采用非均匀傅里叶变换、Chirp-Z变换、小波变换、多重信号分类(MUSIC)超分辨等处理方法[16-21]。由于IFFT法会导致目标折叠的问题,研究人员更倾向于选择时域或者频域合成宽带的方法。以南非开普敦大学雷达遥感小组的R. T. Lord、M. R. Inggs等人为主要代表的研究人员发表了大量原创文献[22-25],也有其他研究人员在同一时期独立发表了相关文献[26-30],此方法在国内外逐渐推广并付诸应用[31-34]。同时有学者针对拼接合成造成栅瓣的问题进行了相关研究[35-37]。H. Myers等人在美国国防部资助的共口径多波段雷达(CAMBR)研究中,提出了时频处理方法,该方法并不以合成一维距离像为处理目的,而是为了在强杂波下检测目标[38,39]。

频率步进信号每个子脉冲都是瞬时窄带信号,很适合于宽带雷达系统工程实现、旧雷达改造升级,也很适合与大孔径宽带相控阵雷达结合解决宽角扫描波束发散问题[39,40]。因此,频率步进信号在美、英等国获得了大量实际应用。美国的目标分辨和识别试验(TRADEX)雷达被认为是最早使用频率步进合成宽带信号的雷达。TRADEX 雷达在 1974 年加装了调频频率步进波形，其波形参数：子脉冲带宽为 20MHz，脉宽为 2μs，32 个子脉冲合成带宽为 250MHz，分辨力可达到 1m。脉冲重复时间为 14μs 或者 28μs，可提供足够高的多普勒不模糊范围。此后，频率步进信号在“宙斯盾”SPY－1 雷达、“爱国者”雷达以及雷达监测技术实验雷达（RSTER）上都进行了试验。1999 年，TRADEX 雷达增加了模拟海军“宙斯盾”频率步进脉冲串波形。英国 BAE Systems 公司研制的 MESAR2 多功能电子扫描自适应雷达（MESAR）是一部 S 波段的全固态有源相控阵雷达，采用频率步进信号合成宽带波形，距离分辨力可达到 1m，可以从碎片、诱饵中区分目标。此外在机载合成孔径雷达领域，频率步进雷达系统早已实用。

本章首先讨论 IFFT 法、时域合成法、频域合成法、时频处理法等常见的频率步进信号处理方法，接着讨论频率步进运动补偿方法以及宽带频率步进相控阵雷达相关概念。近年来，不少学者在波形设计上考虑将频率步进信号与编码信号相结合，以获得图钉形模糊函数，因此在本章最后也简要讨论该波形的信号处理方法。

4.1　频率步进信号 IFFT 方法

4.1.1　波形参数设计

所谓 IFFT 成像方法，首先对脉间同距离单元点做 IFFT 得到细化结果，然后通过一定算法将各距离单元对应的细化结果进行抽取拼接，合成全程一维距离像。合成一维距离像的结果受频率步进波形参数影响。频率步进信号有如下几个重要参数。

（1）发射脉宽 τ：决定单个脉冲分辨力 $r_\tau = c\tau/2$。

（2）采样间隔 t_s：每个采样点代表的“距离新信息”$r_s = ct_s/2$。

（3）频率步进量 Δf：决定细化（IFFT）后的单组距离像范围 $r_1 = \dfrac{c}{2\Delta f}$。

（4）频率步进数 N：Δf 确定之后，N 决定了发射信号的总带宽 $B = N\Delta f$。

（5）脉冲重复周期 T_r：决定最大不模糊距离 $R_{max} = cT_r/2$。

其中，发射脉宽、采样间隔、频率步进量是最重要的三个参数，在参数设计时需要仔细考虑。

1）理想情况下的信号处理

所谓理想情况是指满足以下 3 个条件：

（1）回波包络为脉宽等于 τ 的理想方波；

（2）采样间隔等于回波脉宽，$t_s = \tau$；

（3）距离细化后的单点不模糊距离等于单个回波脉冲所包含的距离范围，$r_I = r_\tau$。

该情况下不存在采样幅度损失、过采样冗余、距离模糊等现象，只需将每组采样点的细化结果直接拼接就可以得到目标的全程一维距离像。

2）系统参数设计

（1）频率步进量与采样间隔的关系：

各组采样点的距离细化结果至少要能够覆盖所有的距离范围，否则不可能利用各组细化结果拼接出完整的一维距离像。若$\frac{1}{\Delta f} < t_s$，则细化结果周期延拓后会出现栅瓣冗余现象，无法利用处理结果。因此，必须满足$\frac{1}{\Delta f} \geqslant t_s$的条件。

（2）发射脉宽与采样间隔的关系：

实际系统中，回波包络发生展宽和发散，不再是理想的方波。为减小采样幅度损失，必须减小采样间隔，在一个回波中获得多个采样点。一般选择采样间隔为

$$\frac{\tau}{5} \leqslant t_s \leqslant \frac{\tau}{3} \tag{4.1}$$

减少采样间隔带来的问题是同一个点目标的回波信息会出现在多组采样点的细化结果中，即“过采样冗余”。

（3）频率步进量与发射脉宽的关系：

① $\tau\Delta f < 1$ 存在冗余区。由于被采样点采到的回波距离范围小于该采样点的细化结果范围，造成了一部分细化结果中没有回波信息，称这部分细化结果为无效区或冗余区。图 4.1 解释了冗余区产生的原因。

② $\tau\Delta f > 1$ 存在模糊区。由于被采样点采到的回波距离范围大于该采样点的细化结果范围，造成了一部分细化结果中有混叠的距离信息，称这部分细化结果为模糊区。图 4.2 解释了模糊区产生的原因。

要想拼接出完整的一维距离像，必须从每组采样点中抽取长度为采样分辨力的“距离新信息”，故引申出下面的条件：

$$\tau + t_s \leqslant \frac{2}{\Delta f} \tag{4.2}$$

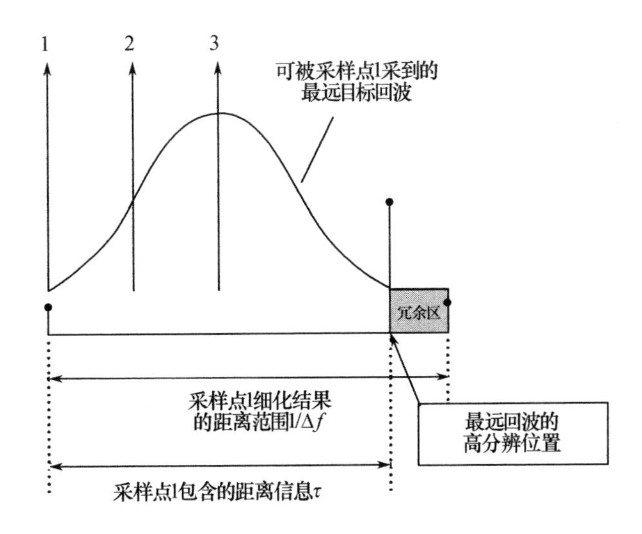

图 4.1　冗余区产生原因示意图

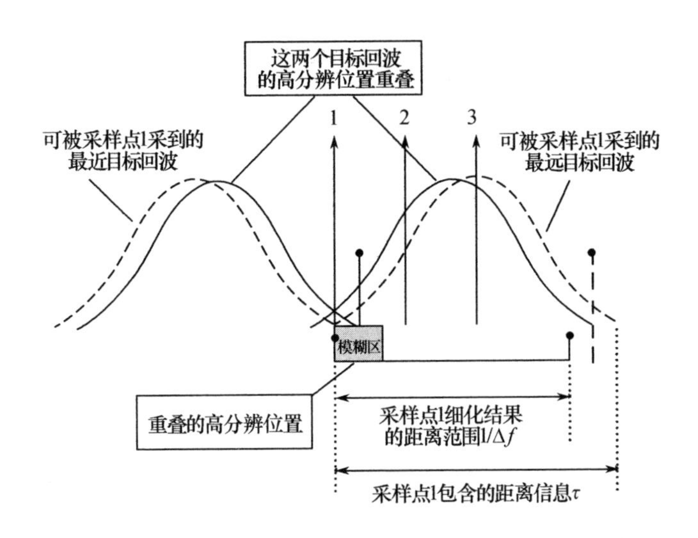

图 4.2　模糊区产生原因示意图

式(4.2)称为“宽约束条件”,含义是保证混叠后在每组采样点的细化结果内仍有至少为 t_s 的清晰区。

4.1.2　目标抽取算法

从上一节可以看出,由于参数设置的影响,可能会产生距离失配冗余、混叠距离模糊、过采样冗余等。要得到真实的目标距离信息,就必须按照一定的顺序，从所有采样点的 IFFT 细化结果中选取某些点组成完备的一维距离像，这就是目标抽取算法。对于运动目标来说，由于 IFFT 后存在偏移和发散，这对目标抽取造成了一定的困难。

一个实用的目标抽取算法应该满足下列准则：

（1）能够将每组 IFFT 结果中有用的距离信息提取出来，去除距离失配冗余；

（2）能够纠正 IFFT 的距离像折叠，当信号参数按照宽约束条件设计或者前端存在较严重的回波脉冲展宽时，能够正确地除去混叠区内的模糊信息；

（3）将各组抽取结果按照正确的信息拼接成完备一维距离像，能够正确地处理过采样冗余，并使信噪比尽可能大。

典型的目标抽取算法有舍弃法、同距离选大法、叠加法、对角线法等，其基本原理为：每组 IFFT 细化高分辨结果包含的距离新信息的时间长度为 t_s，无模糊的有效信息时间长度为$\dfrac{2}{\Delta f}-\tau$，找到这些信息后合成，或直接提取新信息而舍弃其他（舍弃法），或比较各组相同距离的有效信息择优而用（同距离选大法），或者将各组相同距离的有效信息叠加积累以提高信噪比（叠加法、对角线法）。

下面对舍弃法和同距离选大法进行简要介绍。

1）舍弃法

对于每一组 IFFT 结果来说，它包含的距离新信息的长度为 r_s，对应 $t_sN\Delta f$ 点高分辨谱线，因此只要在每组 IFFT 结果中依次取出 $t_sN\Delta f$ 点续接起来并舍弃其他，就构成了最简单的舍弃法。使用舍弃法要注意选取所提取区域的起始点。若假设目标回波包络为钟形，则其中点附近的幅度最大，所以将提取区域设定在回波中点附近可以得到较大的信噪比。

2）同距离选大法

同距离选大法的思想是并不轻易舍弃重复信息，而是在所有重复信息中挑选幅度最大的值，作为当前距离的处理结果。由于任何一个 IFFT 结果中的每一个有效点都必须经过比较后才能决定是否舍去，所以在每组 IFFT 中必须首先取出时间长度为$\dfrac{2}{\Delta f}-\tau$ 的点（而不是 t_s）以供比较。但要注意的是，有模糊区存在时，模糊区的数据必须舍弃，不能参与选大。选大区的数据依次迭代选大，并将最大值置入抽取结果。同距离选大法的算法示意图如图 4.3 所示。

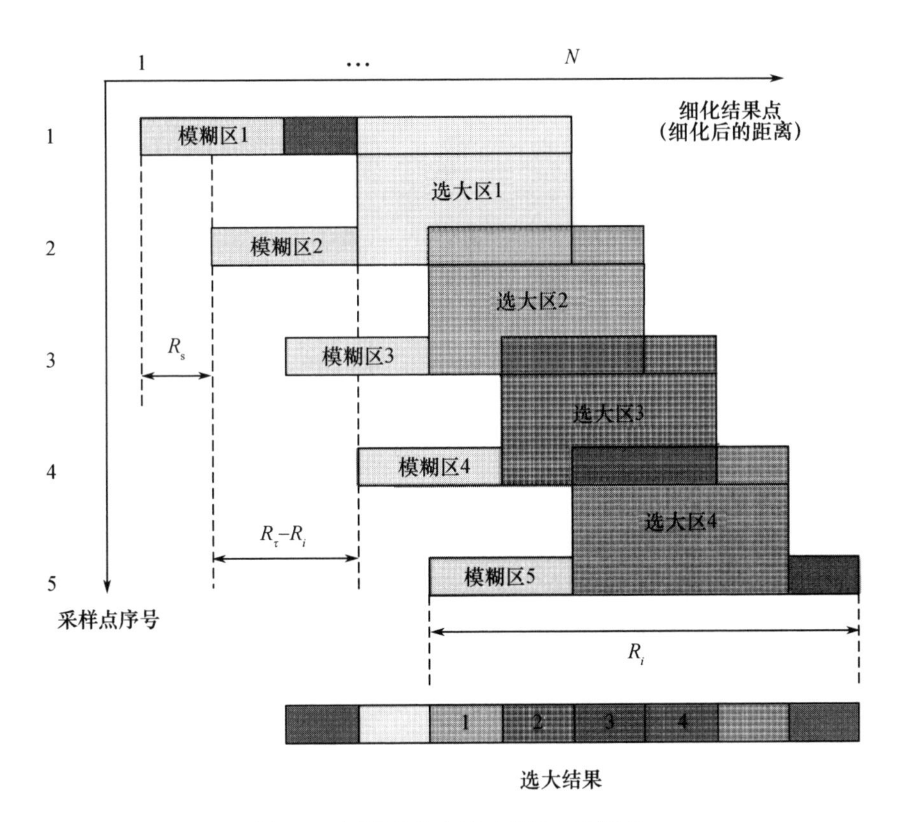

图 4.3　同距离选大法示意图(见彩图)

4.2　频率步进信号时域合成方法

4.2.1　波形建模

频率步进信号时域合成方法是在时域对频率步进子脉冲信号进行频谱重建的方法。该方法只能对频率步进的线性调频信号进行处理。雷达发射频率步进的线性调频信号，n 为步进点数，Δf 为步进频率，T_p 为子脉冲脉宽，$B_r = K \cdot T_p$ 为子脉冲带宽(一般地，满足 $B_r > \Delta f$)，K 为子脉冲调频斜率。对于距雷达 R_s 的点目标而言，其第 i 个子脉冲回波信号在解调后的表达式为

$$s_{ri}(\tau;R_s) = A_0 w_r\left(\tau - \frac{2R_s}{c}\right)\exp\left[-j\pi K\left(\tau - \frac{2R_s}{c}\right)^2\right]\exp\left(-j\frac{4\pi f_i R_s}{c}\right) \tag{4.3}$$

式中：$w_r(\tau) = \mathrm{rect}(\tau/T_p)$；$f_i = f_0 + (i-1)\Delta f$ 是第 i 个子脉冲的载频，$f_1 = f_0$ 是

第一个子脉冲的载频，$i \in [1,n]$且为正整数。

首先对输入的第 i 个子脉冲回波信号，如式(4.3)，进行升采样操作，包括三个步骤：①时域补零拓展子脉冲信号的时间轴，为后续时移操作做准备；②频域加窗截取宽度为 Δf 的子脉冲频谱，以防拼接时相邻频谱发生混叠；③频域补零拓展子脉冲频谱的频率轴，为后续频移操作做准备。

首先确定步骤②的频域加窗函数为

$$W_{\mathrm{r}}^{\mathrm{win}}(f_{\mathrm{r}}) = \mathrm{rect}\left(\frac{f_{\mathrm{r}}}{\Delta f}\right) \tag{4.4}$$

式中：距离频率 $f_{\mathrm{r}} \in [-f_{s0}/2, f_{s0}/2]$，其中 f_{s0} 为子脉冲信号的采样率。子脉冲信号经过频域加窗后 IFFT 得到时域数据，脉冲宽度变为 $T_{\mathrm{p}}' = T_{\mathrm{p}} \cdot \Delta f / B_{\mathrm{r}}$，则信号时域叠加后脉宽变为 $T_{\mathrm{p}}^{\mathrm{comb}} = nT_{\mathrm{p}}'$。

步骤③拓展了子脉冲的频率轴，通过补零将距离频率 f_{r} 的范围由 $\left[-\frac{f_{s0}}{2}, \frac{f_{s0}}{2}\right]$拓展到$\left[-\frac{f_{\mathrm{s}}}{2}, \frac{f_{\mathrm{s}}}{2}\right]$，其中 f_{s} 是频谱重建后的采样率。

在时域升采样操作后，第 i 个子脉冲回波信号的表达式变为

$$s_{ri}^{\mathrm{upsamp}}(\tau; R_{\mathrm{s}}) = A_0 w_{\mathrm{r}}'\left(\tau - \frac{2R_{\mathrm{s}}}{c}\right)\exp\left[-\mathrm{j}\pi K\left(\tau - \frac{2R_{\mathrm{s}}}{c}\right)^2\right]\exp\left(-\mathrm{j}\frac{4\pi f_i R_{\mathrm{s}}}{c}\right) \tag{4.5}$$

式中：加窗后脉冲包络 $w_{\mathrm{r}}'(\tau) = \mathrm{rect}\left(\frac{\tau}{T_{\mathrm{p}}'}\right)$。

然后将子脉冲信号进行频移，对频谱进行重建。由于在频域进行频移时，会因为频移的点数不是整数无法完成，故可以通过在时域乘以频移相位因子以达到频移的目的。第 i 个子脉冲信号的频移相位因子为

$$\Phi_i^{\mathrm{freqshift}}(\tau) = \exp\left[\mathrm{j}2\pi\left(i - \frac{1}{2} - \frac{n}{2}\right)\Delta f \cdot \tau\right] \tag{4.6}$$

结合 $\Delta f = K \cdot T_{\mathrm{p}}'$，频移后子脉冲信号时域表达式为

$$s_{ri}^{\mathrm{freqshift}}(\tau; R_{\mathrm{s}}) = A_0 w_r'\left(\tau - \frac{2R_{\mathrm{s}}}{c}\right)\exp\left(-\mathrm{j}4\pi f_{\mathrm{c}}\frac{R_{\mathrm{s}}}{c}\right)\exp\left[\mathrm{j}\pi K\left(i - \frac{1}{2} - \frac{n}{2}\right)^2 \cdot T_{\mathrm{p}}'^2\right] \cdot \exp\left[-\mathrm{j}\pi K\left(\tau - \frac{2R_{\mathrm{s}}}{c} - \left(i - \frac{1}{2} - \frac{n}{2}\right)T_{\mathrm{p}}'\right)^2\right] \tag{4.7}$$

式中：f_{c} 为频谱重建后宽带信号的载频，$f_{\mathrm{c}} = f_0 + \frac{1}{2}(n-1)\Delta f$。

为了保证频谱重建的宽带信号相位在子脉冲的边界保持连续，对每一个

子脉冲信号进行相位修正。第 i 个子脉冲信号在时域乘以相位因子，即

$$\Phi_i^{\mathrm{corr}}(\tau)=\exp\left[-\mathrm{j}\pi\cdot K\left(i-\frac{1}{2}-\frac{n}{2}\right)^2\cdot T_{\mathrm{p}}'^2\right] \tag{4.8}$$

相位校正后子脉冲为

$$s_{\mathrm{r}i}^{\mathrm{freqshift}}(\tau;R_{\mathrm{s}})=A_0w_{\mathrm{r}}'\left(\tau-\frac{2R_{\mathrm{s}}}{c}\right)\exp\left(-\mathrm{j}4\pi f_{\mathrm{c}}\frac{R_{\mathrm{s}}}{c}\right)\cdot$$
$$\exp\left[-\mathrm{j}\pi K\left(\tau-\frac{2R_{\mathrm{s}}}{c}-\left(i-\frac{1}{2}-\frac{n}{2}\right)T_{\mathrm{p}}'\right)^2\right] \tag{4.9}$$

在时域叠加前，还需要把子脉冲信号进行时移。这里通过频域乘以时移相位因子达到时移目的。第 i 个子脉冲信号的时移相位因子为

$$\Phi_i^{\mathrm{timeshift}}(f_{\mathrm{r}})=\exp(\mathrm{j}2\pi\Delta\tau_i\cdot f_{\mathrm{r}}) \tag{4.10}$$

式中

$$\Delta\tau_i=\left(i-\frac{1}{2}-\frac{n}{2}\right)T_{\mathrm{p}}' \tag{4.11}$$

时移后子脉冲信号的表达式为

$$s_{\mathrm{r}i}^{\mathrm{timeshift}}(\tau;R_{\mathrm{s}})=$$
$$A_0w_{\mathrm{r}}'\left[\tau-\frac{2R_{\mathrm{s}}}{c}+\left(i-\frac{1}{2}-\frac{n}{2}\right)T_{\mathrm{p}}'\right]\exp\left[-\mathrm{j}\pi K\left(\tau-\frac{2R_{\mathrm{s}}}{c}\right)^2\right]\exp\left(-\mathrm{j}4\pi f_{\mathrm{c}}\frac{R_{\mathrm{s}}}{c}\right) \tag{4.12}$$

将时移后的 n 个子脉冲信号叠加，得到频谱重建后的宽带线性调频信号

$$\begin{aligned}s_{\mathrm{r}}^{\mathrm{comb}}(\tau;R_{\mathrm{s}})&=\sum_{i=1}^{n}s_{\mathrm{r}i}^{\mathrm{timeshift}}(\tau;R_{\mathrm{s}})\\&=A_0w_{\mathrm{r}}^{\mathrm{comb}}\left(\tau-\frac{2R_{\mathrm{s}}}{c}\right)\exp\left[-\mathrm{j}\pi K\left(\tau-\frac{2R_{\mathrm{s}}}{c}\right)^2\right]\exp\left(-\mathrm{j}4\pi f_{\mathrm{c}}\frac{R_{\mathrm{s}}}{c}\right)\end{aligned} \tag{4.13}$$

式中

$$w_{\mathrm{r}}^{\mathrm{comb}}(\tau)=\sum_{i=1}^{n}w'_{\mathrm{r}}\left[\tau+\left(i-\frac{1}{2}-\frac{n}{2}\right)T_{\mathrm{p}}'\right] \tag{4.14}$$

从式(4.13)可以看出，频谱重建后宽带线性调频信号的脉宽由 T_{p} 增大到 $T_{\mathrm{p}}^{\mathrm{comb}}$。在调频率不变的情况下，信号带宽由 B_{r} 增大到 $B_{\mathrm{r}}^{\mathrm{comb}}=n\Delta f$，因此信号的分辨力从 $\rho_{\mathrm{r}}=0.886\cdot c/2B_{\mathrm{r}}$ 提高到 $\rho_{\mathrm{r}}^{\mathrm{comb}}=0.886\cdot c/2B_{\mathrm{r}}^{\mathrm{comb}}$。

频率步进信号时域合成方法各步骤子脉冲时域相位的变化情况如图 4.4 所示。

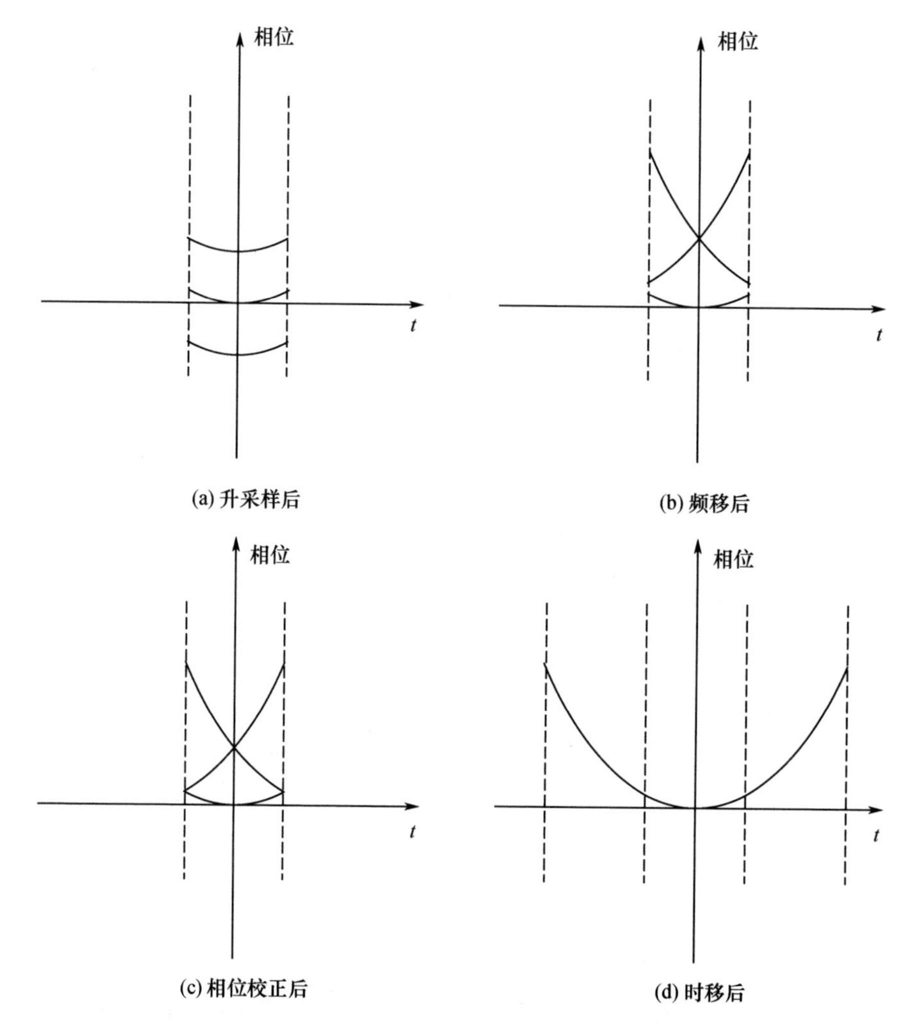

图 4.4　频率步进信号时域合成方法示意图

4.2.2　时域拼接流程

频率步进信号的时域合成方法将各子脉冲通过时域升采样、频移操作、相位校正、时移操作和信号时域叠加等操作，合成一个大带宽的线性调频信号，再通过脉冲压缩获得目标高分辨距离像。图 4.5 给出频率步进信号时域合成方法的流程图。

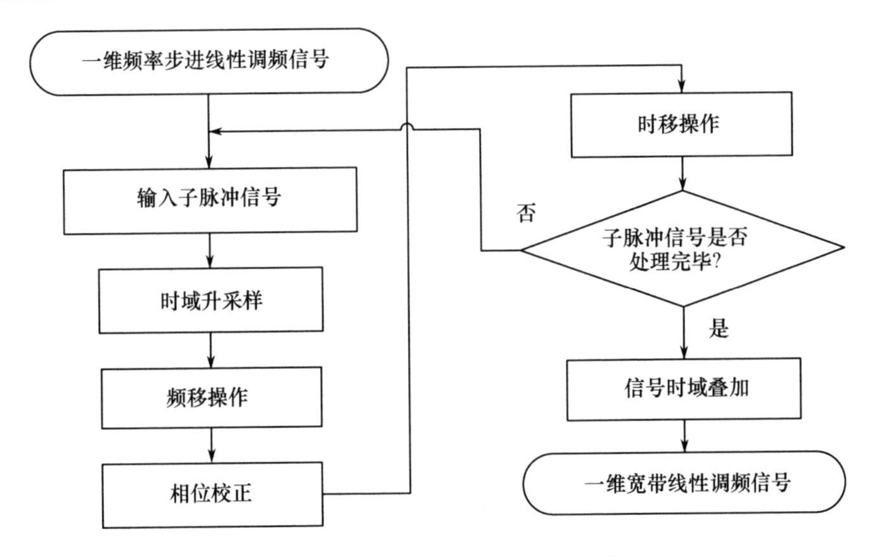

图 4.5　频率步进信号时域合成方法流程图

4.3　频率步进信号频域合成方法

4.3.1　波形建模

频率步进信号频域合成方法是在频域对信号进行频谱重建。该方法首先对第 i 个子脉冲回波信号进行匹配滤波操作,得到匹配滤波后信号频域表达式

$$S_{ri}(f_\tau;R_s)=A_0W_r(f_\tau)\cdot\exp\left[-j\frac{4\pi R_s}{c}(f_\tau+f_i)\right]\tag{4.15}$$

式中:$W_r(f_\tau)=\text{rect}(f/B_r)$。

然后对匹配滤波后的信号进行频域补零操作。通过频域补零拓展子脉冲频谱的频率轴。该部分和时域频谱重建中的升采样操作是对应的,只是不需要拓展信号的时间轴。加窗后第 i 个子脉冲信号的频域表达式为

$$S_{ri}(f_\tau;R_s)=A_0W_r^{\text{win}}(f_\tau)\cdot\exp\left[-j\frac{4\pi R_s}{c}(f_\tau+f_i)\right]\tag{4.16}$$

在频谱叠加前需要频移操作,第 i 个子脉冲信号的频移量为

$$\delta f_i=[i-1+(1-n)/2]\Delta f=\left(i-\frac{1}{2}-\frac{n}{2}\right)\Delta f\tag{4.17}$$

可以通过时域乘以频移相位因子来进行频移,频移后,信号频域表达式为

$$S_{ri}^{\text{shift}}(f_\tau;R_s)=A_0W_r^{\text{win}}(f_\tau-\delta f_i)\cdot\exp\left[-j\frac{4\pi R_s}{c}(f_\tau-\delta f_i+f_i)\right]\tag{4.18}$$

式(4.18)简化为

$$S_{ri}^{\text{shift}}(f_\tau;R_s)=A_0W_r^{\text{win}}(f_\tau-\delta f_i)\cdot\exp\left[-j\frac{4\pi R_s}{c}(f_\tau+f_c)\right]\tag{4.19}$$

将频移后的 n 个子脉冲频谱相叠加,得到宽带信号频谱:

$$\begin{aligned}S_r^{\text{comb}}(f_\tau;R_s)&=\sum_{i=1}^{n}S_{ri}^{\text{shift}}(f_\tau;R_s)\\&=A_0W_r^{\text{comb}}(f_\tau)\cdot\exp\left[-j\frac{4\pi R_s}{c}(f_\tau+f_c)\right]\end{aligned}\tag{4.20}$$

式中:$W_r^{\text{comb}}(f_\tau)=\sum_{i=1}^{n}W_r^{\text{win}}(f_\tau-\delta f_i)=\text{rect}\left(\frac{f_\tau}{B_r^{\text{comb}}}\right)$。则频谱重建后宽带信号的时域表达式为

$$s_r^{\text{comb}}(\tau;R_s)=A_0w_r^{\text{comb}}\left(\tau-\frac{2R_s}{c}\right)\exp\left(-j4\pi f_c\frac{R_s}{c}\right)\tag{4.21}$$

对比式(4.21)和式(4.13)发现,频域宽带合成的结果是 sinc 信号,而时域宽带合成后得到宽带线性调频信号。两方法的根本区别在于,前者是对子线性调频信号进行宽带合成,而后者是对脉冲压缩后的子 sinc 信号进行频谱重建。因此,频域合成方法不需要像时域合成方法那样进行时移操作,也就不需要对信号时间轴进行拓展,这使得频域合成方法的计算量小得多,效率明显高于时域合成方法。

频率步进信号频域合成方法各步骤频域相位变化情况如图 4.6 所示。

4.3.2 频域拼接流程

频率步进信号频域合成方法首先对各子脉冲进行匹配滤波后变到频域,然后经过补零和频移操作合成频域宽带信号,最后对合成的频域宽带信号进行 IFFT 处理,即得到目标高分辨距离像。图 4.7 为频率步进信号频域合成方法的流程图。

4.3.3 压缩滤波器设计与栅瓣抑制

理想情况下,单点目标的合成宽带波形幅度为常数,相位为线性。以频率步进合成孔径雷达(SAR)系统为例,实际的频率步进 SAR 系统的传递函数存在幅度误差和相位误差,从而导致宽带合成后的频谱具有周期性的幅度误差和相位误差。幅度误差和相位误差将会导致距离向时域产生栅瓣。强目标的栅瓣不仅会引起虚假目标的出现,还会导致弱小目标被淹没。图 4.8 为使用实际频率步进 SAR 系统对单点目标进行成像时,宽带合成后的幅频误差、相

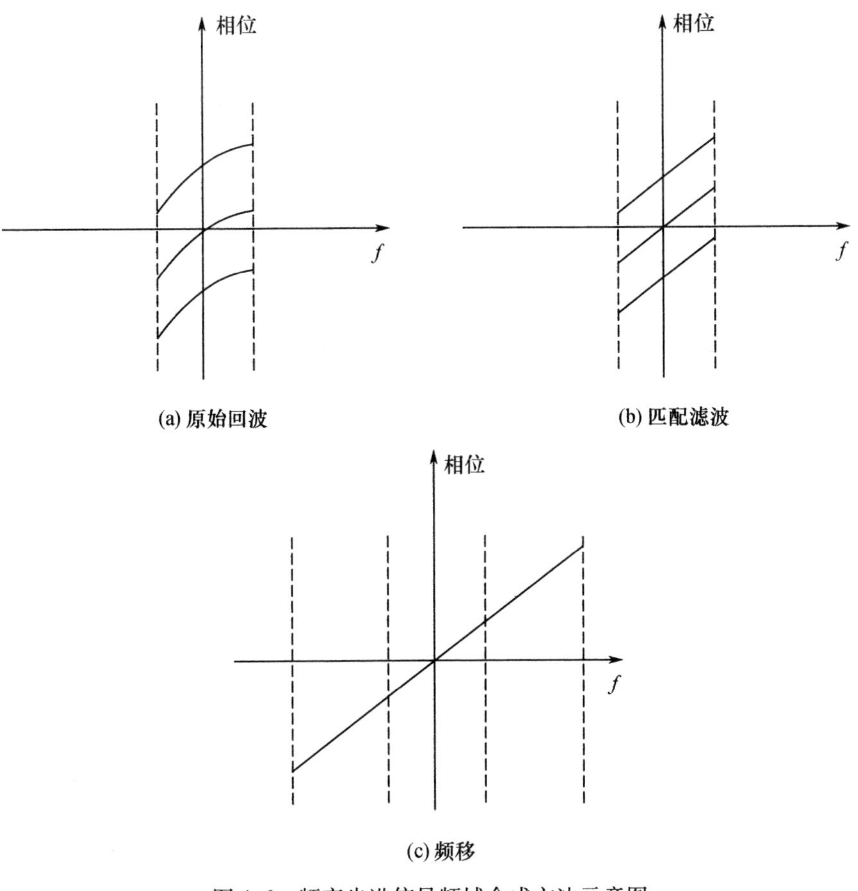

图 4.6　频率步进信号频域合成方法示意图

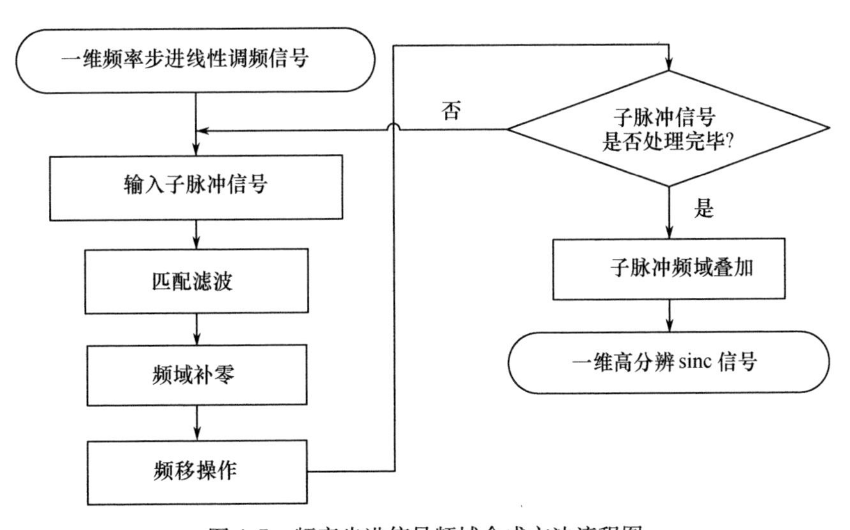

图 4.7　频率步进信号频域合成方法流程图

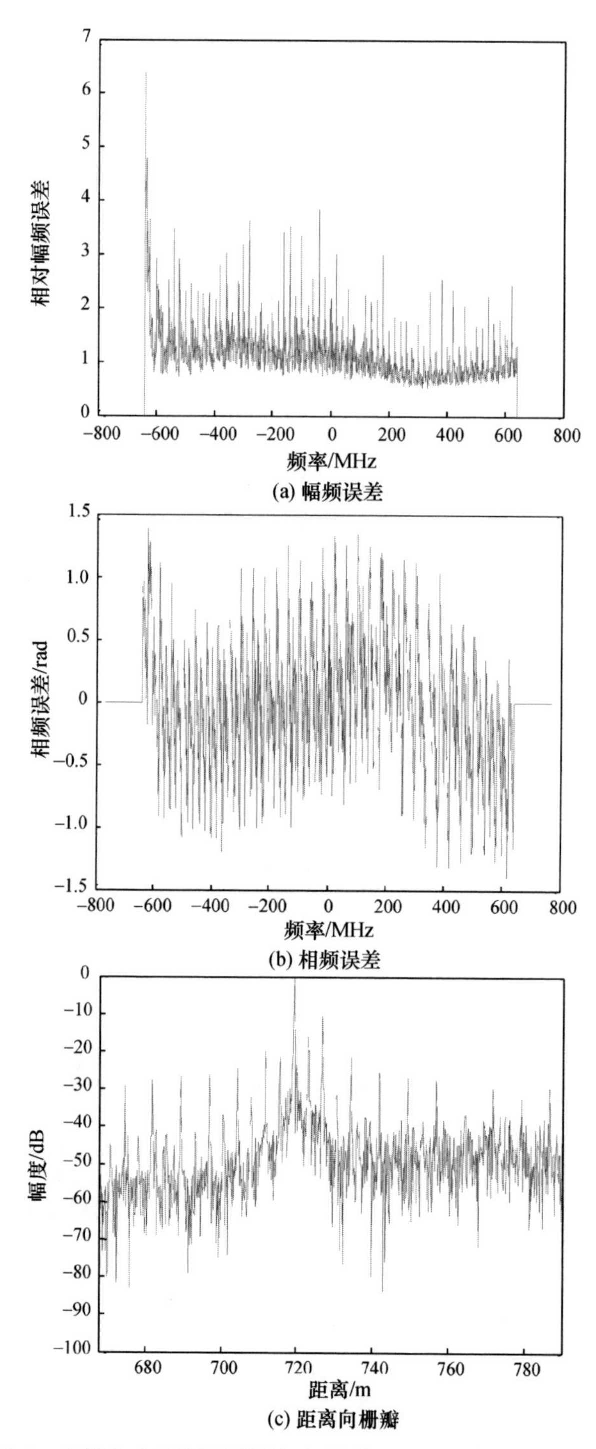

(a) 幅频误差

(b) 相频误差

(c) 距离向栅瓣

图 4.8　宽带合成后的幅频误差、相频误差以及距离向栅瓣示意图

频误差以及距离向栅瓣示意图。

为了消除栅瓣,可以对子脉冲的误差进行补偿,以使宽带拼接后的频谱特性理想。由于 SAR 系统的幅频特性不平坦,相频特性非线性,且信号传播过程中引入误差,所以子脉冲内存在幅频误差 $A_e(f_\tau)$ 和相频误差 $\varphi_e(f_\tau)$。距离压缩后子脉冲的频谱幅度波动大,相位非线性。由于 SAR 系统发射和接收各子脉冲时不是绝对稳定,所以子脉冲间存在初相误差 $\varphi_{0e}(i)$ 和时延误差 $\Delta t_e(i)$。在宽带拼接时,子脉冲间的误差将会导致相邻子脉冲间幅度和相位不连续。当场景中含有强散射点(如角反射器)时,可以从子脉冲的回波里获得这些误差。子脉冲内的幅相误差可以从角反射器回波数据的距离向脉冲压缩结果的频谱中提取;时延误差和初相误差可以从距离向脉压结果的峰值点位置和相位分别提取。在距离压缩时,同时对这些误差进行补偿。结合幅相误差的校正,第 i 个子脉冲的距离压缩滤波器为

$$H_{ri}(f_\tau)=\frac{A_{avg}}{A_e(f_\tau)}\cdot\exp(-j(\varphi_e(f_\tau)+\varphi_{0e}(i)+2\pi\Delta t_e(i)f_\tau))\cdot\exp\left(-j\pi\frac{f_\tau^2}{K}\right) \tag{4.22}$$

式中:A_{avg} 为子脉冲在频域的平均幅度。图 4.9 给出了基于角反射器的幅相误差提取示意图。距离向栅瓣抑制前后对比图如图 4.10 所示。

当场景中不存在角反射器时,也可以利用一维距离像中强点主瓣和栅瓣峰值点的幅度和相位信息估计系统周期性的幅度和相位误差。流程如图 4.11 所示。此方法已在频率步进 SAR 成像处理距离向栅瓣抑制中得到应用,详见文献[40]。图 4.12 给出了频率步进信号栅瓣抑制前后的一维距离像对比。图 4.13 给出频率步进 SAR 距离向栅瓣抑制前后的二维高分辨力图像对比。

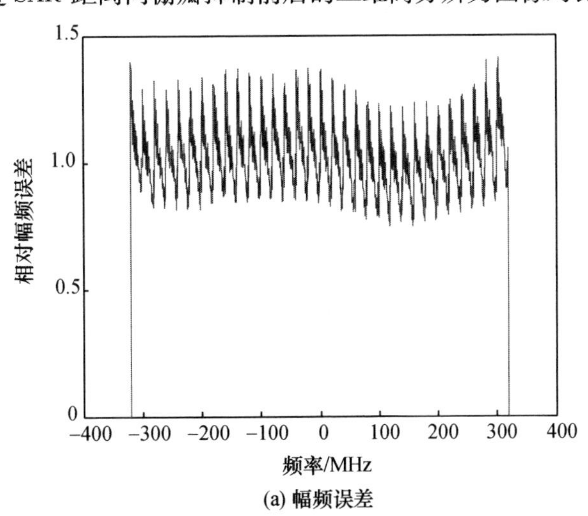

(a) 幅频误差

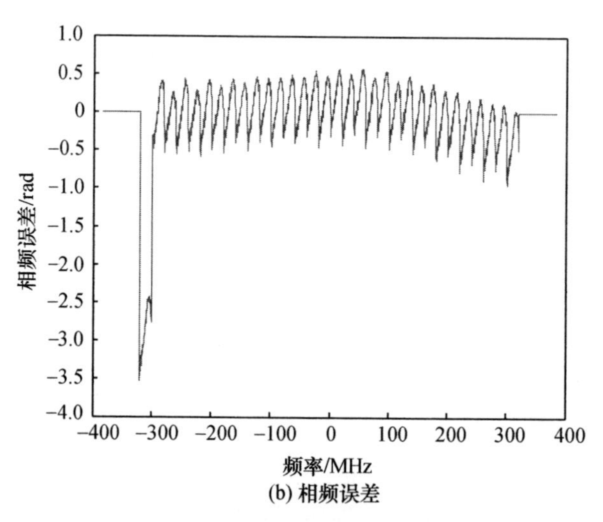

(b) 相频误差

图 4.9　基于角反射器的幅相误差提取示意图

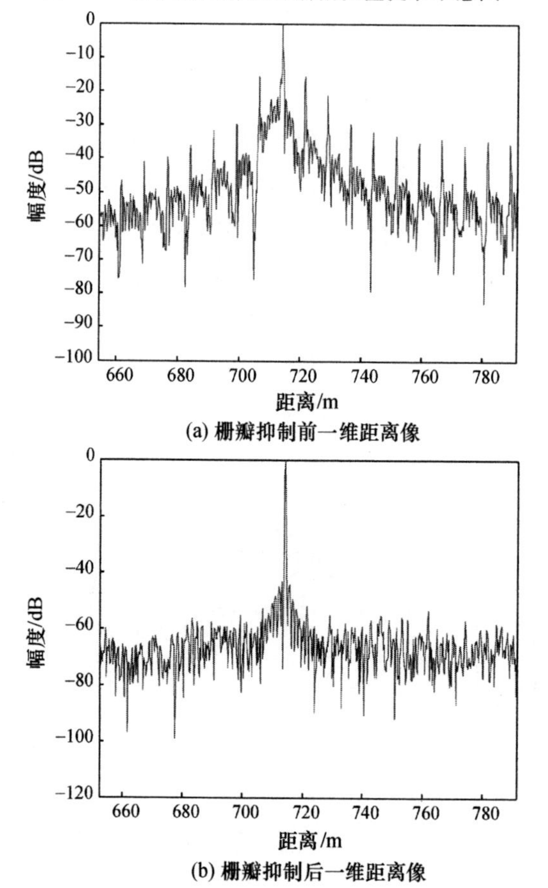

(a) 栅瓣抑制前一维距离像

(b) 栅瓣抑制后一维距离像

图 4.10　基于角反射器的距离向栅瓣抑制前后对比图

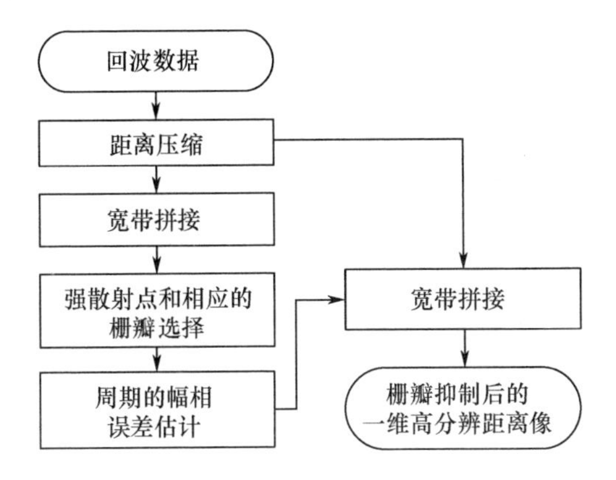

图 4.11　栅瓣抑制流程图

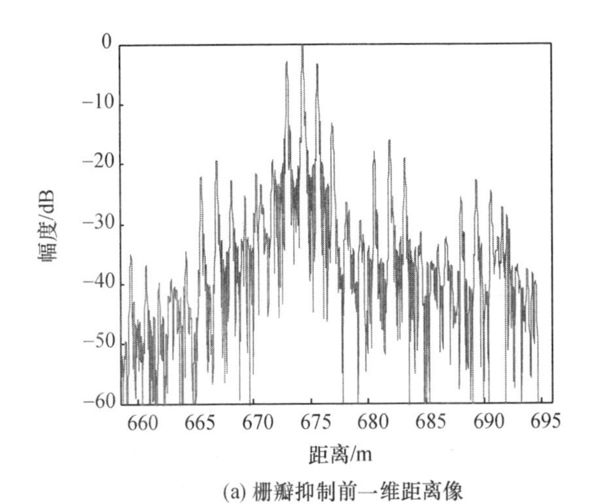

(a) 栅瓣抑制前一维距离像

(b) 栅瓣抑制后一维距离像

图 4.12　频率步进距离向栅瓣抑制前后的一维距离像

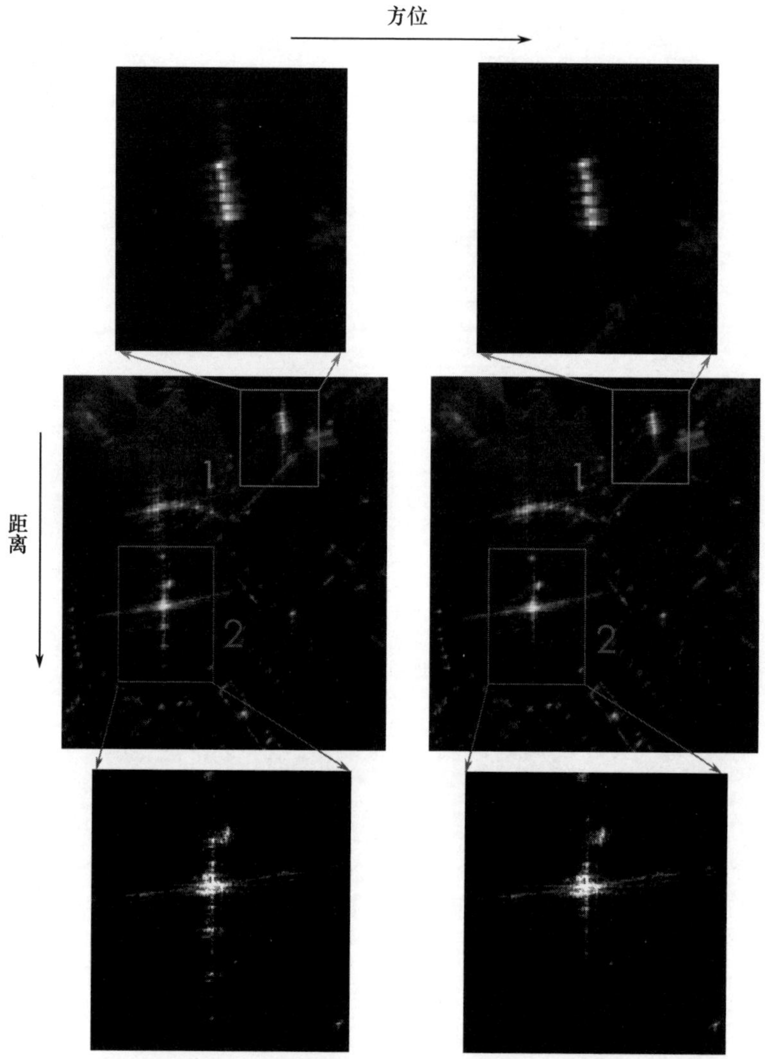

方位

距离

图 4.13　频率步进 SAR 在距离向栅瓣抑制前后的二维高分辨力图像(见彩图)

4.4　频率步进信号时频处理法

4.4.1　时频转换处理原理

本书第 2 章中介绍了频率步进信号的频时处理方法,也是比较传统的处理方法。其实频率步进信号处理也可以采用时频转换的方式处理。

由第 2 章,频率步进回波信号表达式如下:

$$s(t)=\sum_{n=0}^{N-1}A_n\mathrm{rect}\left(\frac{t-nT_r-\tau/2-2R/c}{\tau}\right)\mathrm{e}^{-\mathrm{j}2\pi f_0\frac{2R}{c}}\mathrm{e}^{-\mathrm{j}2\pi n\Delta f\frac{2R}{c}}\tag{4.23}$$

每个距离单元上的检波输出信号采样、归一化后，做时频转换处理，即离散傅里叶变换（DFT）处理：

$$H(i)=\sum_{i=0}^{N-1}\mathrm{e}^{-\mathrm{j}2\pi(f_0+i\Delta f)R}\mathrm{e}^{-\mathrm{j}2\pi i\frac{l}{N}}\tag{4.24}$$

上述时频转换处理的物理意义是：在频率步进时频转换处理中，N个频率步进回波脉冲可以被视为一个时宽 $k=\Delta f/T_r$、带宽 $k=\Delta f/T_r$ 的线性调频信号以 $k=\Delta f/T_r$ 为间隔的采样，线性调频信号的等效调频斜率 $k=\Delta f/T_r$。频率步进雷达用频率步进的本振信号与回波信号混频，等效于对调频斜率为 k 的线性调频信号去斜处理；对混频后的信号采样、做 DFT 处理，DFT 结果中不同的频率成分就对应不同距离的目标。

4.4.2　时频转换处理在高脉冲重复频率模式下的性能分析

在高脉冲重复频率（HPRF）情况下，通过雷达系统参数设计，频率步进雷达可以在一个频率步进周期内同时获得无模糊测速和高分辨测距。

从去斜处理的角度分析，对于调频斜率 $k=\Delta f/T_r$ 的频率步进信号，假设最大目标距离为 $R_{\max}$，则去斜混频后的最大信号带宽为

$$\delta f=k\frac{2R_{\max}}{c}=\frac{\Delta f}{T_r}\frac{2R_{\max}}{c}=\Delta f\frac{R_{\max}}{cT_r/2}\tag{4.25}$$

如果雷达系统工作于 HPRF 模式，通常 $R_{\max}>>cT_r/2$，所以 $\delta f<<\Delta f$。如果要求单个接收机覆盖整个雷达作用距离，则接收机带宽 B_{IF}需要满足 $B_{IF}\geqslant\delta f$，可以推导出 $B_{IF}<<\Delta f$，因此要求雷达具有很高的采样速度和信号处理能力，但这时频率步进体制相对于线性调频信号的大带宽处理就没有优越性可言。这个问题可以通过中频放大器带宽 B_{IF}限制所处理的回波信号频带范围（即所处理的距离窗口），以此来限制采样速率和信号处理量。如果距离窗口 $\delta R=ncT_r/2$，则有 $B_{IF}\approx B_\tau\approx n\Delta f$，即距离窗口内的 PRT 模糊数为 n。覆盖整个雷达作用距离可以通过不同的距离窗口来实现，而不同的距离窗口可以通过频率步进本振脉冲的起始位置来设置。

在 HPRF 模式下，通常目标速度产生的最大多普勒频率满足 $f_{d\max}<1/T_r=n\Delta f$，而最大作用距离 $R_{\max}>>cT_r/2$，即测速无模糊，测距有模糊。如果通过系统参数设计使得 $B_{IF}\approx B_\tau\approx n\Delta f$，这样在完成 DFT 后，从脉冲多普勒（PD）处理的角度分析，目标最大时移所产生的耦合频率范围为$\frac{\Delta f}{T_r}\cdot\frac{1}{n\cdot\Delta f}=\frac{1}{nT_r}$，只是

DFT 不模糊测频区域$\frac{1}{T_r}$的$\frac{1}{n}$，DFT 处理仍留有很大的频率范围$\left(\frac{N-1}{N}\frac{1}{\Delta f}\right)$可以用于测速。如果能够通过多种处理方法尽量减小目标距离耦合频率$\frac{\Delta f}{T_r}\frac{2R}{c}$的测量误差，那么整个 DFT 处理结果就可以看作一个脉冲重复频率（PRF）内的目标测频结果，其中存在最大为$\frac{1}{NT_r}$的测频误差；这时的频率步进雷达就可以看作一个测速无模糊的 PD 雷达加上距离高分辨雷达。

4.4.3 HPRF 频率步进信号强杂波环境下的特点

HPRF 频率步进雷达采用频率步进波形和频率步进接收机，通过合理设置波形参数，能够控制进入接收机的折叠杂波数量，对运动目标可以通过多普勒处理进行杂波区检测。表 4.1 和表 4.2 分别对 PD 雷达和 HPRF 频率步进雷达抗无源干扰和抗有源干扰的能力进行了对比。

表 4.1 PD 雷达和 HPRF 频率步进雷达抗无源干扰能力对比

抗无源干扰能力	PD 雷达	HPRF 频率步进雷达
杂波是否折叠	按 PRT 重复周期，不同距离杂波折叠，使杂波加大	杂波折叠，目标只与同一个 PRT 距离内的杂波竞争，杂波小
对分布的海杂波能否去相关	在处理周期内雷达频率不变条件下，由于海杂波重复周期间强相关，因此 FFT 后，杂波也近似相参积累，故杂波功率大	因雷达脉间发射频率变化，使海浪杂波去相关，多脉冲积累提高了信杂比
等效杂波面(体)积	窄带信号同时照射尺寸大，故杂波面积(海杂波)或体积(云、雨杂波)大，因而输出信杂比低	合成宽带，距离分辨力高，高距离分辨处理后，目标有效照射尺寸小，故杂波面积(海杂波)或体积(云、雨杂波)小，输出信杂比提高

表 4.2 PD 雷达和 HPRF 频率步进雷达抗有源干扰能力对比

抗有源干扰能力	PD 雷达	HPRF 频率步进雷达
瞄频窄带噪声干扰	由于脉组内部各脉冲中频频率不变，故会接收到较大噪声干扰功率	由于频率步进，信号接收频率与距离段有关，故瞄频窄带噪声只能干扰某个极小距离段上的目标
宽带噪声干扰	由于窄带接收，故只能接收到一小部分噪声功率，受宽带噪声干扰小	由于工作在宽频带，故干扰方必须用宽带干扰；但因雷达瞬时是窄带接收，故接收到的噪声干扰功率很低，受宽带噪声干扰小
高频存储转发干扰	雷达不能抗高频存储转发干扰	由于频率步进信号接收频率与距离段有关，故高频存储转发干扰只会影响特定距离上的目标

4.5　频率步进信号运动补偿

频率步进信号为多普勒敏感信号，目标与雷达之间的相对运动会造成回波包络走动、距离像的耦合时移和波形发散，必须加以补偿。实际上，运动目标的多普勒效应一直是频率步进信号处理的核心问题，如何测速补偿是解决问题的关键。目前已提出的运动补偿算法，主要分为系统附加测速手段、改变发射信号形式自测速、利用距离变化率测速等几种方法。

频率步进信号自测速方法主要包括极大似然估计法、频域互相关法、时域互相关法、最小熵值法、最小脉组误差法、距离像互相关法等[41-44]。这里介绍一种 HPRF 频率步进雷达的测速补偿算法，即帧间脉冲多普勒处理。通过发射多个频率步进脉冲串，在不同脉冲串中相同载频的脉冲之间做脉冲多普勒测速处理；获得目标速度后，再做脉冲串内的 IFFT 处理，获得目标的一维高分辨距离像。

假设在 M 个频率步进脉冲串内，目标运动引起的包络走动可以忽略，观察不同频率步进脉冲串中载频均为 $f_i=f_0+i\Delta f(i=0,1,\cdots,N-1)$ 的回波相位：

$$\Phi(i,m)=-\mathrm{j}2\pi f_i 2\frac{R_0-iT_{\mathrm{r}}v}{c}+\mathrm{j}2\pi f_i\frac{2v}{c}mT_N,\quad m=0,\cdots,M-1 \tag{4.26}$$

式中：m 为频率步进脉冲串号；T_N 为频率步进周期，$T_N=NT_{\mathrm{r}}$。可以看出：式(4.26)的第一个指数项与频率步进脉冲串号 m 无关，是常数项，可以忽略；第二个指数项可以看作频率点为 f_i2v/c、以 T_N 为时间抽样间隔的 M 个时域离散信号，对这样的信号进行采样，并归一化。令 $k_i=\lceil 2vf_iMT_N/c\rceil$，$\lceil\cdot\rceil$表示取整运算，并忽略常数项，得到归一化后载频 f_i 的回波表达式：

$$s_i(m)=\exp\left(-\mathrm{j}2\pi m\frac{k_i}{M}\right),\quad m=0,1,\cdots,M-1 \tag{4.27}$$

对式(4.27)进行 FFT 处理并求模，得到回波频谱的幅度响应：

$$|S_i'(l)|=\left|\frac{\sin[\pi(l-k_i)]}{\sin\left(\pi\frac{l-k_i}{M}\right)}\right|,\quad l=0,\cdots,M-1 \tag{4.28}$$

显然，式(4.28)在 $l=k_i$ 的时候达到最大，经过门限判别后可以根据 k_i 值解算出目标的速度。

上述处理的物理意义是，在 M 个频率步进脉冲串周期内，将相同载频的回波数据看作以频率步进周期 T_N 为间隔采样的 M 个时域样本，进行快速傅里叶变换(FFT),利用FFT的窄带多普勒滤波器组特性来实现速度分辨和精确测速。这同PD雷达的测速原理是一致的,具体原理如图4.14所示。

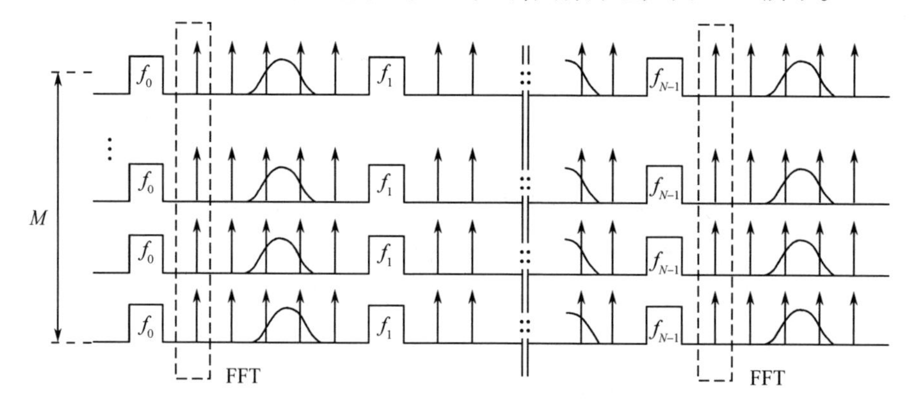

图4.14 帧间脉冲多普勒处理

4.6 宽带频率步进相控阵雷达

4.6.1 频率步进信号与相控阵雷达结合的优势

宽带相控阵雷达技术是当前雷达技术发展的重要方向之一,相控阵技术和宽带雷达技术的结合提供了优越的功能。远作用距离、高分辨力、多目标等功能是宽带相控阵雷达的基本特征。与机扫雷达相比,相控阵雷达大大提高了对多目标、目标群、高速目标、远距离目标的探测能力;与窄带雷达相比,宽带雷达获得距离高分辨力,有效提高了雷达性能,可以提供更多的目标信息,有助于对目标进行分类和识别。当前,宽带相控阵雷达在系统设计上仍存在如下关键技术问题。

4.6.1.1 大口径相控阵天线“色散”问题

宽带相控阵雷达由于存在孔径渡越时间,其天线扫描波束随着频率变化会发生指向的变化,导致接收回波信号幅度损失,即所谓的大口径相控阵天线“色散”问题[45-47]。“色散”问题通常采用延时线补偿,其带来的问题如下:

(1) 需要的延时线数目相当大,增加了系统的复杂度和成本;

(2) 通道间幅相特性差;

(3) 延时线衰减大。

4.6.1.2　高速运动目标“散焦”问题

对空间高速运动目标使用宽频带信号，其回波多普勒频率对不同频率成分是不同的。对于线性调频信号其回波的斜率与发射信号不同，会使匹配滤波器失配，造成信号损失，即所谓的高速运动目标“散焦”问题。

对于瞬时大宽带信号，可以在已知目标运动速度的情况下对回波进行校正，其思路是将宽频带信号分成多个窄带信号，分别对其多普勒频偏进行校正，但这在实现上是比较困难的。大带宽线性调频信号回波时频图如图 4.15 所示。

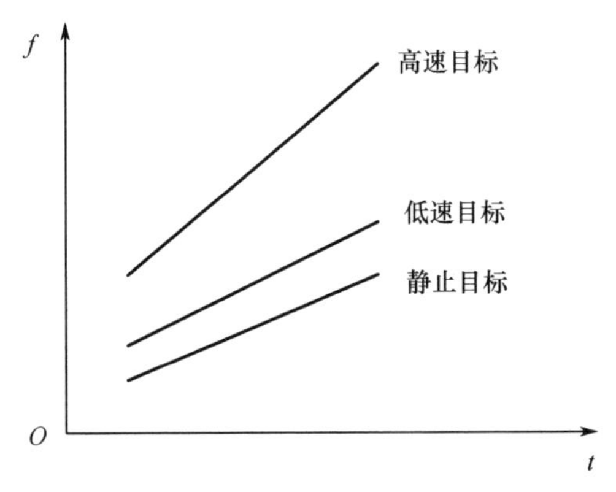

图 4.15　大带宽线性调频信号回波时频图

4.6.1.3　去斜处理方法存在的问题

现有的宽带相控阵雷达对接收回波信号通常采用去斜方法处理。首先利用窄带通道实现目标的检测和跟踪，再根据窄带通道锁定的目标位置，引导宽带通道对很小距离窗口内的目标高分辨成像。由于窄带通道的跟踪精度有限，引导宽带通道时会造成触发时刻不稳，使宽带通道成像在起始时刻抖动，这种抖动会造成一系列问题，包括宽带通道无法相参积累，无法测量多普勒频率，等等，使宽带通道成像信噪比下降，并无法进行目标速度测量和补偿，其成像效果也不理想。此外，窄带和宽带交替，使每个通道的时间利用率降低，减小了雷达回波信噪比。

对去斜大成像窗口信号处理的理论和仿真分析表明，去斜大成像窗口信号处理的主要瓶颈是对大去斜窗口回波信号的高精度预失真补偿。在对宽带信号进行去斜接收时，由于接收系统信号产生通道和模拟接收通道的幅相失真，导致最后获得的频谱的主副瓣比恶化、主瓣展宽甚至严重变形等，因此必须进行幅度和相位补偿以减轻这些失真对系统的影响。其中,相位失真在接收系统的信号产生部分由预失真方法完成。预失真处理的目的不是把去斜的源和通道都修正成全线性,而是让一个通道去适应另一个通道的非线性。当去斜本振对准回波信号时,预失真处理的效果很好;当对不准时,可能有恶化,甚至不能工作。这种特性称为移变特性。对于常规去斜处理,去斜后信号带宽在10MHz以内,其幅度、相位的非线性部分较小,移变特性很小,可以近似认为通道对准有效。而对于大成像窗口去斜信号,由于去斜后带宽很大,移变特性很明显,无法获得理想的补偿结果,因而使得后续处理很难进行。

4.6.1.4 宽带直采处理方法存在的问题

对宽带直采信号处理的主要难度在于其庞大的数据量,现有信号处理硬件设备很难满足实时处理的要求。尤其是对通道数庞大的数字相控阵而言,只能通过子阵合成方式减少通道数目。对于大带宽、大扫描角情况下,子阵内需要采用移相器和延时线来补偿孔径渡越时间。

频率步进信号作为一种瞬时窄带、合成宽带的信号,如果将频率步进信号应用于相控阵,可以发挥其独特的优势,为解决上述问题提供另一种思路。频率步进信号每个脉冲发射的载频是不同的,波束指向的偏转可以通过修改波控数码来修正,使得频率步进信号合成高分辨力基本不受孔径时间的影响,这种方法称作频率步进相控阵系统的“脉间配相”[27]。所以只要频率步进信号每个子脉冲的宽度远大于孔径渡越时间,频率步进信号的距离分辨力就不受影响。频率步进信号是在不同时间发射不同频率的窄带信号,因此比较容易对其多普勒频率进行“聚焦”处理,如果采用重频的步进频信号,雷达还具有脉冲多普勒雷达的功能,可以精确测速,因此可由雷达本身完成多普勒聚焦的处理。也正是因为频率步进信号是瞬时窄带信号,模数转换器的采样频率低,并不需要像模拟去斜过程一样在脉冲重复周期间变更采样起始时刻,因此可以保证脉冲间相位相参性。此外,由于采样频率低,所以传输带宽小,特别适合应用于宽带数字相控阵雷达系统。

4.6.2 宽带频率步进相控阵雷达关键问题

4.6.2.1 HPRF 频率步进模式下相控阵天线收发配相

对于相控阵天线,在移相器移相值不改变的情况下,若发射信号的载频发生变化,则相邻单元之间空间相位差的变化会引起波束指向的偏转。如果将频率步进信号应用于相控阵雷达系统,由于频率步进信号可以在不同的发射脉冲之间改变发射信号的配相值，因此由频率变化造成的波束指向偏移可以通过脉间修改配相码来修正，使波束指向同一个方向，从而解决瞬时宽带相控阵雷达波束指向随频率变化的问题。这种方法称作频率步进相控阵系统的"脉间配相"，如图 4.16 所示。

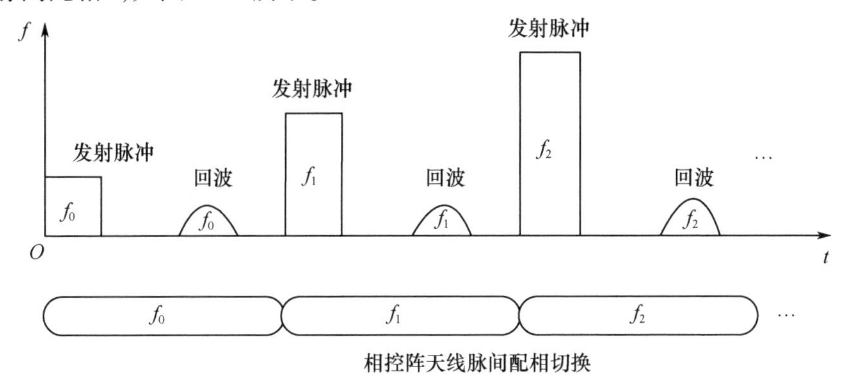

图 4.16　相控阵天线"脉间配相"示意图

当采用重频频率步进信号时，如果目标距离较远，同一频点的回波信号需要若干个脉冲重复周期才能返回，则当前发射频点与接收频点是不一致的，需要对收发信号分别配相。要在脉间改变移相器的相移，要求转换时间远小于 1μs。这种方法对于采用铁氧体移相器的相控阵雷达并不适用，因为这些传统的相控阵雷达的各个天线单元在较高的功率电平上均采用铁氧体移相器，其移相器转换时间较长，远大于脉冲重复周期，脉间配相以及脉内收发切换都是不适用的。在观测目标距离较近，收发频点是一致的情况下，对于铁氧体移相器，为了解决天线移相器转换时间过长的问题，可以采用脉组配相的方法，即将步进频信号分为若干段，每段内天线移相器配一次相，在一段内，由于频率变化较小，因而只要适当选择各段的大小，就可使在该频率范围内天线波束偏移的损失在允许范围内。脉组间在改变移相器相移时，可使接收机输出不采样，即在移相器改变移相的时间内没有信号。由于这些相位点的缺失，脉间 IFFT 综合之后，会引起成像结果恶化。在实际系统中，要综合考虑相控阵雷达在某一个波位激励信号的最大频率偏移允许值、转换器速度等，将频率步进信号分为若干段进行脉组配相。对于有源收发组件的相控阵雷达，采用高速开关二极管，可使移相转换时间远小于 1μs，理论上可实现收发分别配相。

4.6.2.2　HPRF 频率步进频综

频率合成方法主要有三种：直接频率合成法、锁相频率合成法（锁相环

(PLL))和直接数字频率合成(DDS)法。

PLL 和 DDS 这两种频率合成方式不同,PLL 是一种模拟闭环系统,DDS 是全数字开环系统,两者各有特点,不能互相替代,单一技术都有严重不足而限制其应用。因此,在实际中往往是采用 DDS + PLL 混合合成方式。这种方法将 DDS 输出的较低频率的信号作为 PLL 倍频器的参考频率,变换到所需的高频。这种方式既保留了 DDS 的频率分辨力高和切换速度快的特点,又弥补了 DDS 输出频率较低的不足,同时 PLL 环路带宽的带通滤波可以对 DDS 的带外杂散有抑制作用。

由于 HPRF 条件下存在距离模糊,在同一个脉冲重复周期内发射载波频率和接收的载波频率不一致,所以接收本振频点与发射本振频点不同,需要有两套同源的本振同时工作,一个本振用于发射跳频,另一个本振用于接收跳频。图 4.17 给出了常见的低脉冲重复频率(LPRF)频率步进雷达与 HPRF 频率步进雷达在频综实现上的区别。

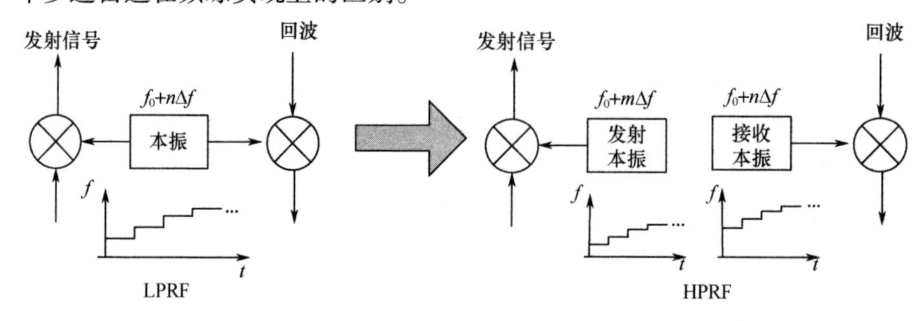

图 4.17 LPRF 频率步进频综与 HPRF 频率步进频综的区别

由于 HPRF 频率步进频综需要收发两套跳频本振,采用直接频率合成法容易产生相位模糊问题,可采用 DDS + PLL 合成方式,其关键技术是实现快速跳频。传统的锁相环跳频速度很慢,要实现快速跳频以满足 HPRF 频率步进信号生成需求,解决思路如下:

1) 宽环路带宽

环路带宽直接决定了锁定时间,环路带宽越大,锁定时间越短;但增大环路带宽,意味着降低对杂散信号的衰减,增大了相位噪声。环路带宽与锁定时间是一对矛盾,需要对其进行折中选择。

2) 高鉴相频率

环路带宽增大到大于鉴相频率的五分之一,环路可能不稳定。因此,高的鉴相频率为宽环路带宽提供保障。通常环路带宽设置为参考频率输入的十分之一左右。

3）带内参考频率无杂散动态范围(SFDR)

任何在环路带宽之内的杂散(主要是由 DDS 截断引起)通过锁相环倍频后都会恶化。因此,应选用无杂散动态范围性能好的 DDS 芯片。

4.6.2.3 HPRF 频率步进信号距离盲区

为防止大功率发射信号泄漏到接收通道烧毁接收机,雷达接收机在雷达发射脉冲期间不能工作,因此产生雷达距离盲区。当雷达脉冲重复频率一定时,距离盲区是周期性重复的。对于高速运动目标,随着目标不断向雷达靠近,目标在盲区和清晰区交替出现。当目标完全进入盲区后,雷达无法得到新的测量数据,造成跟踪精度变差,甚至目标丢失。

解决盲区问题的一种简单有效的方法是多重频切换方法。雷达按照目标所处位置在一组有少许差异的 PRF 之间进行选择切换,保证目标处于清晰区。

4.6.3 宽带频率步进相控阵雷达工作流程

相控阵雷达的典型工作过程,是外部指令输入到控制计算机,控制计算机通过雷达与计算机接口单元控制和处理雷达信号。控制计算机根据外部指令和经过数据处理后的有关目标位置坐标等,产生雷达波束驻留指令,包括波束的角位置、发射时间、频率、波形、脉冲周期、检测门限等参数及波束驻留标志等信息,并将这些指令经雷达与计算机之间的接口送往波束控制计算机。波束控制计算机根据波束驻留指令计算出每个移相器的相位,使天线阵列中的各个单元具有适当的相位移,以便形成指定方向的波束。对于频率步进信号,还需要对不同频点信号进行相位校正,以解决相控阵天线对宽频带信号波束的“色散”问题。

地基频率相控阵雷达可能的工作流程如下:

1）LPRF 窄带工作方式

此工作方式在空间较大范围搜索目标,精确测定动目标的距离和方位角并粗估目标速度,为 HPRF 窄带信号解距离模糊。

2）HPRF 窄带工作方式

精确测量目标的速度和距离,利用 LPRF 窄带工作方式提供的距离解距离模糊。

3）HPRF 宽带频率步进

用于获得目标高距离分辨像同时精确测距和测速。事先已经定好步进频波形 0,1,2,3…(包括一帧内脉冲个数、频率步进阶梯、子脉冲脉宽等)。针对某一具体的波形,事先定好相近的一组脉冲重复周期值以避盲。根据之前的工作方式所获得的目标距离,雷达在本模式启动之前完成如下工作:①根据目标距离,选择合适的脉冲重复周期,使目标不落入雷达盲区;②计算出发射和接收的波控码(主要指接收的波控码,只有知道了目标的位置,才能得出接收本振的频点),并实时更新相控阵天线配相值;③计算接收本振的激励时刻,设置定时参数。

4.7 编码频率步进信号处理

4.7.1 相位编码频率步进信号处理

相位编码频率步进(PCSF)信号通过在步进子脉冲内进行相位调制,可以获得比简单频率步进信号更大的步进量,能够用较少的脉冲个数实现相同的等效带宽[48,49]。

PCSF 信号波形如图 4.18 所示。图中:τ_c 为相位编码码片宽度;M 为相位编码长度;f_n 为各子脉冲载频,且 $f_n = f_0 + (n-1)\Delta f$,其中 $n = 0,1,\cdots,N-1$,N 为频率步进数,Δf 为频率步进阶梯;τ 为子脉冲宽度;T_r 为子脉冲重复周期;T 为 PCSF 信号脉冲串重复周期。

相位编码子脉冲信号的复包络为

$$u(t) = \begin{cases} \dfrac{1}{\sqrt{M}}\sum_{m=0}^{M-1} c_m \dfrac{1}{\sqrt{\tau_c}}\text{rect}\left(\dfrac{t - \frac{2m+1}{2}\tau_c}{\tau_c}\right), & 0 \leqslant t \leqslant M\tau_c \\ 0, & \text{其他} \end{cases} \tag{4.29}$$

式中:c_m 为相位编码序列。

$$\text{rect}\left(\frac{t}{\tau}\right) = \begin{cases} 1, & -\tau/2 \leqslant t \leqslant \tau/2 \\ 0, & \text{其他} \end{cases}$$

PCSF 信号的解析表达式为

$$s(t) = \frac{1}{\sqrt{N}}\sum_{n=0}^{N-1}\text{rect}\left(\frac{t - nT_r - \frac{\tau}{2}}{\tau}\right)u(t - nT_r)\exp(\text{j}2\pi f_n t) \tag{4.30}$$

常用的二相编码序列有巴克码、m 码、最小峰值旁瓣电平码等,脉内相位编码序列的类型和码长可以根据雷达应用需求进行选择。相比于频率步进信号的脉压处理,PCSF 需要先对各子脉冲进行匹配滤波,得到子脉冲的粗分辨力像;再经过相干处理 IFFT 运算,实现频域采样后的时域距离细化即二次脉

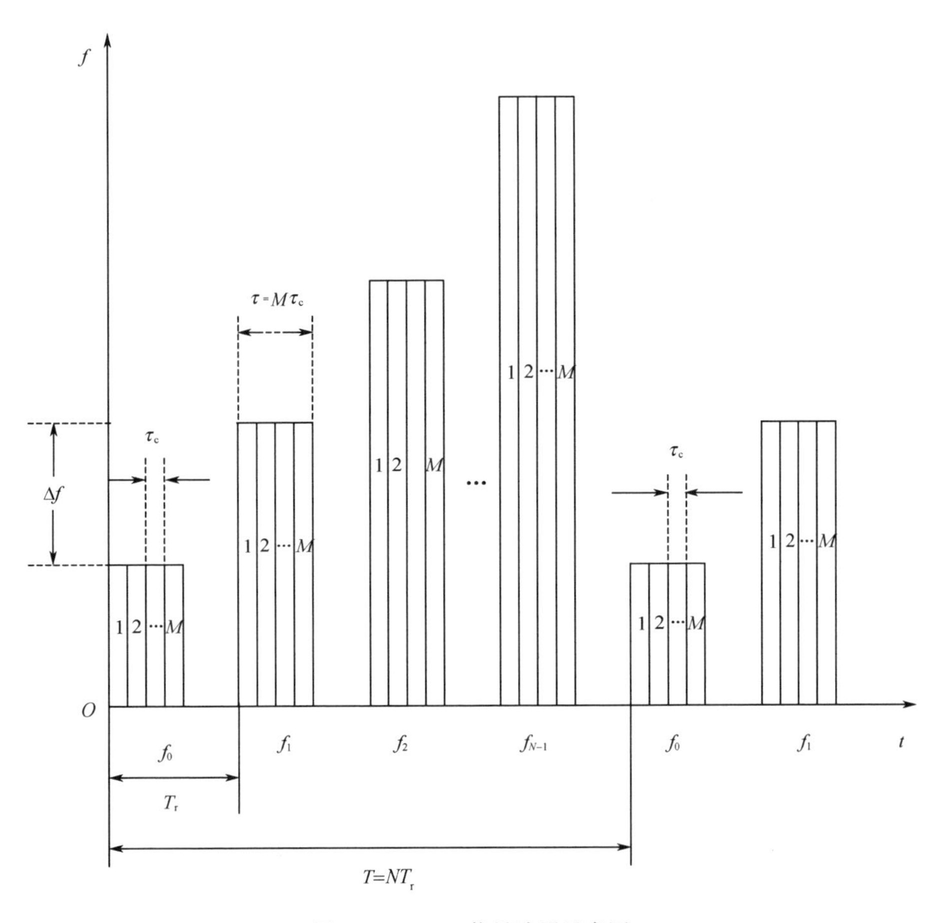

图4.18　PCSF信号波形示意图

压，得到高距离分辨力像。实际上，经各子脉冲匹配滤波后，信号自测速、速度补偿、信号合成高分辨成像实现方法等均与频率步进信号处理相同。

若各子脉冲间进行频率编码，则只需将各子脉冲脉压结果按载频大小进行排序后，再进行IFFT合成高分辨处理[50]；若对各子脉冲添加相位编码旁瓣抑制滤波器，则可以改善脉压结果的旁瓣性能。

4.7.2　频率相位复合编码信号处理

相位编码信号的抗干扰性能较好，但其带宽受到码元宽度的限制；频率编码信号具有大等效带宽的特点，但其频谱调制规律比较简单，容易被敌方侦破，进而实施干扰。频率相位复合编码信号弥补了单一调制样式带来的缺陷，在保证雷达的测距、测速分辨力的基础上，提高雷达的低截获概率（LPI）性能和电子反干扰（ECCM）性能[51]。

频率相位复合编码信号如图 4.19 所示，一个脉冲内包含 N 个子脉冲，子脉冲间进行频率编码，$f_n = f_0 + (i-1)\Delta f$，其中 $n=0,1,\cdots,N-1$，$i=0,1,\cdots,N-1$，且 n 不一定等于 i，Δf 为各子脉冲间最小频率步进量，子脉冲内进行相位编码，且各子脉冲内相位编码可以相同，也可以不同，第 n 个子脉冲内相位编码为 $a_{n1}, a_{n2}, \cdots, a_{nM}$；每个码片宽度为 τ_c，子脉冲宽度为 τ_s，脉冲宽度为 τ_p；一般设置 $\Delta f = 1/\tau_c$。

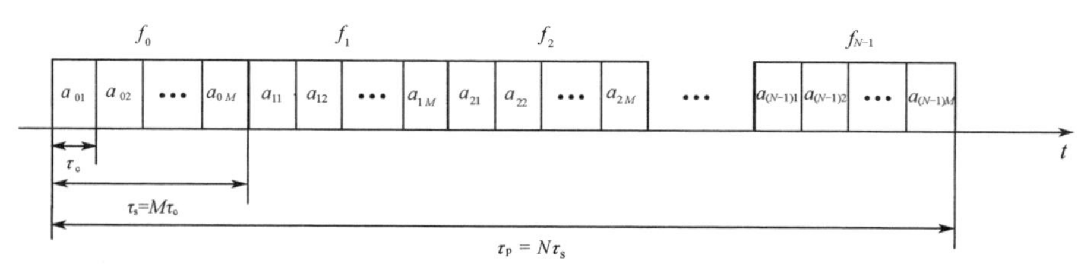

图 4.19　频率相位复合编码信号示意图

该信号数学表达式如下：

$$s(t) = \sum_{n=0}^{N-1}\sum_{m=1}^{M} a_{nm}\mathrm{rect}\left(\frac{t-(m-1)\tau_c-\dfrac{\tau_c}{2}-\tau_s}{\tau_c}\right)\exp(\mathrm{j}2\pi f_n t) \tag{4.31}$$

式中：$a_{nm} = \pm 1$ 为相位编码序列；$\mathrm{rect}\left(\frac{t}{\tau}\right) = \begin{cases}1, & -\tau/2 \leqslant t \leqslant \tau/2 \\ 0, & \text{其他}\end{cases}$。

根据是否进行子脉冲分离，将脉压成像方法分为两类：不进行子脉冲分离和进行子脉冲分离。

1）不进行子脉冲分离

从信号匹配滤波的角度出发，将发射信号作为参考信号，对回波进行匹配滤波处理。该方法的优点是实现简单，但由于信号中存在多个频率成分，无法在脉压前进行测速和速度补偿处理。

2）进行子脉冲分离

进行子脉冲分离，有两种实现方法：子脉冲匹配法和 IFFT 相参合成法。

（1）子脉冲匹配法。如图 4.20 所示，构造 $N-1$ 个参考信号，分别对 $N-1$ 个子脉冲实现匹配滤波处理，然后进行复数（矢量）求和，实现一维脉压成像。子脉冲匹配信号可看作多个抽头的 FIR 滤波器，能够与回波的子脉冲信号实现完全匹配，即实现最优处理。

（2）IFFT 相参合成法。如图 4.21 所示，将各子脉冲混频到基带后，利用各子脉冲的基带信号进行匹配，实现各子脉冲分离；分离后各子脉冲均为基带信号，可类似频率步进信号进行 IFFT 相参合成处理，最终得到目标一维距离像。

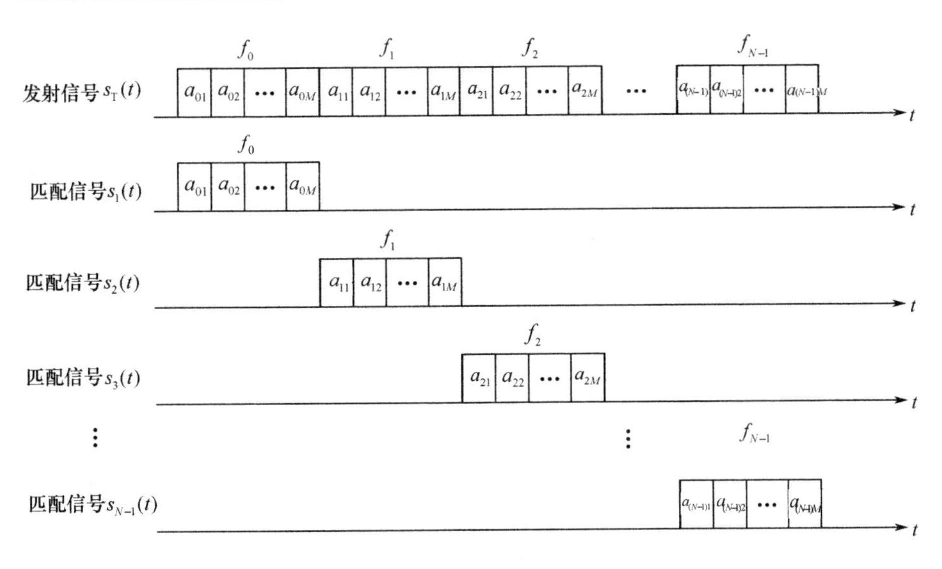

图 4.20　进行子脉冲分离时的匹配信号

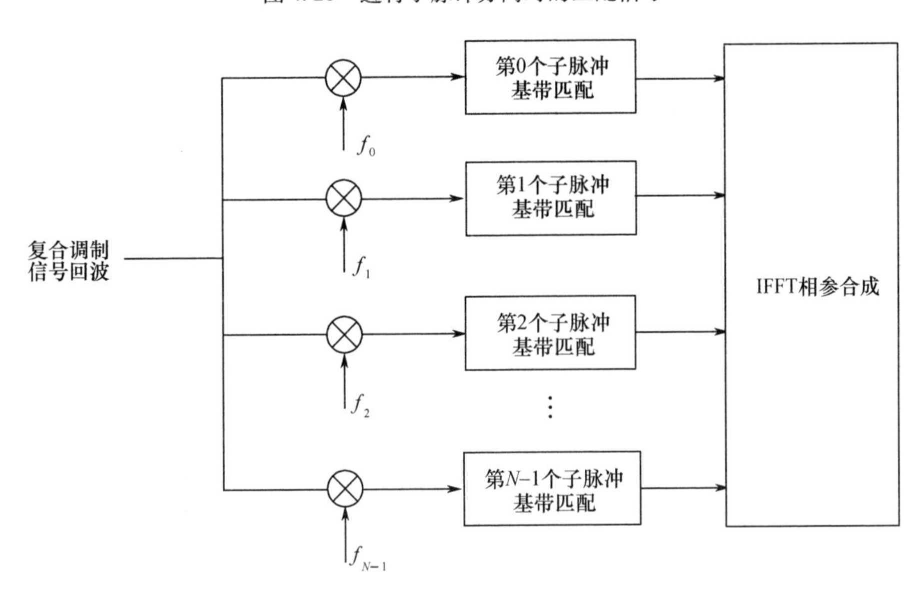

图 4.21　IFFT 相参合成处理示意图

子脉冲分离后可进行多周期脉冲多普勒测速,并且可利用速度信息对回波作相位补偿。

参考文献

[1] Ruttenberg Kenneth, Chanzit Lawrence. High Range Resolution by Means of Pulse to Pulse Frequency Shifting [C]. IEEE EASCON'68 Record,1968:47 – 51.

[2] Einstein T H. Generation of High Resolution Radar Range Profiles and Range Profile Auto - Correlation Functions Using Stepped - Frequency Pulse Train[R]. Massachusetts Institute of Technology Lexington Lincoln Lab. ,1984.

[3] Wehner D R. High Resolution Radar[M]. London:Artech House Publisher,1987.

[4] 李眈,龙腾. 步进频率雷达目标去冗余算法[J]. 电子学报,2000,28(6):60 - 63.

[5] 龙腾,李眈,吴琼之. 频率步进雷达参数设计与目标抽取算法[J]. 系统工程与电子技术,2001,23(6):26 - 31.

[6] 李眈. 高分辨力雷达信号处理的理论与实现[D]. 北京:北京理工大学,2001.

[7] 曾大治. 高分辨力雷达系统与信息处理技术研究[D]. 北京:北京理工大学,2004.

[8] 雷文. 高分辨力雷达信号处理算法研究[D]. 北京:北京理工大学,2001.

[9] 雷文,龙腾,韩月秋. 调频步进雷达运动目标信号处理的新方法[J]. 电子学报,2000,28(12):34 - 37.

[10] 苏宏艳,龙腾,何佩琨,等. 运动目标环境下的调频步进信号目标抽取算法[J]. 电子与信息学报,2006,28(5):915 - 918.

[11] 张焕颖,张守宏,李强. 调频步进雷达目标抽取算法及系统参数设计[J]. 电子学报,2007,35(6):1153 - 1158.

[12] 周剑雄,赵宏钟,付强. 频率步进雷达距离像解模糊算法[J]. 系统工程与电子技术,2003,25(9):1061 - 1064.

[13] Keel B M, Baden J M, Cohen M N. Pulse Compression Waveforms for Use in High - Resolution Signature Formation [C]. Proceedings of the SPIE, Orlando, USA, 1997: 538 - 549.

[14] Temple M A,Sitler K L,Raines R A,et al. High Range Resolution (HRR) Improvement Using Synthetic HRR Processing and Stepped - Frequency Polyphase Coding [C]. IEE Proceedings - Radar, Sonarand Navigation,2004,151(1):41 - 47.

[15] Berizzi F, Martorella M, Bernabo M. A Range Profiling Technique for S - Ynthetic Wideband Radar [J]. LET Radar, Sonar ,Navigation,2008,2(5):334 - 350.

[16] Clark M E. High Range Resolution Radar Techniques and the Wavelet Transform [C]. IEE Seminar on Time - scale and Time - Frequency Analysis and Applications,London,UK,2000:1 - 10.

[17] Clark M E. High Range Resolution Techniques for Ballistic Missile Targets [C]. High Resolution Radar and Sonar, IEE Colloquium,London,UK,1999:1 - 6.

[18] 李跃华,李兴国. MUSIC 法用于频率步进毫米波雷达目标回波信号分析[J]. 电子测量与仪器学报,1999,13(2):1 - 5.

[19] 李跃华,沈庆宏,高敦堂,等. 小波神经网络的毫米波雷达目标一维距离像识别[J]. 南京理工大学学报,2003,26(1):20 - 33.

[20] 李跃华,李兴国. 子波变换在频率步进毫米波雷达目标识别中的应用[J]. 现代雷达,1999,21(2):7 - 11.

[21] 李跃华,李兴国. 基于子波变换谱估计的频率步进毫米波雷达目标成[J]. 南京理工大学学报,1999,23(2):133 - 136.

[22] Wilkinson A J,Lord R T,Inggs M R. Stepped - Frequency Processing by Reconstruction of Target Reflectivity Spectrum[C]. Symposium on Communications and Signal Processing, Cape Town, South Africa,1998:101 - 104.

[23] Nel W,Tait J,Lord R, et al. The Use of a Frequency Domain Stepped Frequency Technique to Obtain High Range Resolution on the CSIR X - Band SAR System [C]. Africon Conference,George,South Africa,2002: 327 - 332.

[24] Lord R T,Inggs M R. High Range Resolution Radar Using Narrowband Linear Chirps Offset in Frequency[C]. Communications and Signal Processing, Grahamstown,South Africa,1997:9 - 12.

[25] Lord R T,Inggs M R. High resolution SAR Processing Using Stepped - Frequencies[C]. Geoscience and Remote Sensing, Singapore, 1997:490 - 492.

[26] McGroary F,Lindell K. A Stepped Chirp Technique for Range Resolution Enhancement[C]. Telesystems Conference, Atlanta,USA,1991:121 - 126.

[27] Maron D E. Non - periodic Frequency - Jumped Burst Waveforms[C]. Londn:Proceedings of the International RadarConference,Londn,UK,1987:484 - 488.

[28] Walbridge M R, Chadwick J. Reduction of Range Ambiguities by Using Irregularly Spaced Frequencies in A Synthetic Wideband Waveform[C]. High Resolution Radar and Sonar London,UK,1999:1 - 6.

[29] Schimpf H, Wahlen A, Essen H. High Range Resolution by Means of Synthetic Bandwidth Generated by Frequency - Stepped Chirps[J]. Electronics Letters, 2003,39(18): 1346 - 1348.

[30] French Andrew. Improved High Range Resolution Profiling of Aircraft Using Stepped - FrequencyWaveforms with An S - Band Phased Array Radar[C]. IEEE Conference on Radar,Verona,USA,2006:7.

[31] Rabideau D J. Nonlinear Synthetic Wideband Waveforms[C]. IEEE Radar Conference, Long Beach,USA,2002:212 - 219.

[32] Levanon Nadav, Mozeson Eli. Nullifying ACF Grating Lobes in Stepped Frequency Train of LFM Pulses[J]. IEEE Transactions on Aerospace and Electronic Systems,2003, 39(2):694 - 703.

[33] Gladkova Irina, Chebanov Dmitry. Suppression of Grating Lobes in Stepped - Frequency Train[C]. IEEE International Radar Conference,Arlington,USA,2005:371 - 376.

[34] Myers H, Moore R, Butler W,et al. Common Aperture Multiband Radar [C]. SPIE's 1996 International Symposium on Optical Science,Syracuse,USA,1996:143 - 148.

[35] Bluter W. Common Aperture Multiband Radar[C]. Proceedings of SPIE Radar Processing, Technology, and Applications, 1997:143 - 148.

[36] Freedman Avraham, Bose Ranjan, Steinberg B D. Thinned Stepped Frequency Waveforms to Furnish Existing Radars with Imaging Capability[J]. IEEE Aerospaceand Electronic Systems Magazine,1996,11(11):39 – 43.

[37] Council Electronic Trajectory Measurements Group Range Commanders. The Radar Roadmap[R]. US:Range Commanders Council,1998.

[38] Camp W W,Mayhan J T, O'Donnell R M. Wideband Radar for Ballistic Missile Defense and Range – Doppler Imaging of Satellites [J]. Lincoln LaboratoryJournal, 2000,12(2): 267 – 280.

[39] Culmone A F. Properties of Uniform Coherent Frequency – Jump Waveforms[R]. DTIC,1973.

[40] Ding Z,Gao W,Liu J, et al. A Novel Range Grating Lobe Suppression Method Based on the Stepped – Frequency SAR Image [J]. IEEE Geoscience and Remote Sensing Letters, 2015,12(3):606 – 610.

[41] 刘峥,张守宏．步进频率雷达目标的运动参数估计[J]．电子学报,2000,28(3): 43 – 45.

[42] 刘峥,刘宏伟,张守宏．正负步进频率编码信号及其处理[J]．信号处理增刊,1999 (15):21 – 25.

[43] Francesco Prodi,Enrico Tilli. Motion Compensation for A Frequency Stepped Radar[C]. International Waveform Diversity and DesignConference,Pisa,Italy,2007: 255 – 259.

[44] Liu Yimin,Meng Huadong,Zhang Hao, et al. Motion Compensation of Moving Targets for High Range Resolution Stepped – Frequency Radar [J]. Sensors, 2008, 8 (5): 3429 – 3437.

[45] 张光义．相控阵雷达系统[M]．北京:国防工业出版社,1994.

[46] 张光义,王德纯．空间探测相控阵雷达[M]．北京:科学出版社,2001.

[47] 张光义,赵玉洁．相控阵雷达技术[M]．北京:电子工业出版社,2006.

[48] 靳凯,王卫东,王东进．一种脉内相位编码脉间步进频雷达信号的研究[J]．中国科学技术大学学报,2006,32(2):137 – 142.

[49] 鲍坤超, 陶海红,廖桂生．相位编码步进频率信号的模糊函数分析[J]．火控雷达技术,2007,36(1):62 – 65.

[50] Levanon Nadav,Mozeson Eli. Radar Signals[M]. Hoboken:Wiley Press ,2004.

[51] 何元．编码复合调制信号分析与处理技术研究[D]．长沙:国防科技大学,2009.

第5章 宽带雷达系统前沿技术

与传统窄带雷达相比，宽带雷达具有较高的距离分辨力。在传统窄带雷达中，由于典型目标尺寸一般远小于雷达的距离分辨力，因而可以将其视为理想点目标；当采用宽带雷达对目标进行探测时，目标特征尺寸大于雷达距离分辨力或与之数量级相同，此时不能再将其视为理想点目标，而必须当作扩展目标来看待，即目标由位于不同距离单元上的多个散射点组成。一方面，目标回波的能量分散到更多的距离分辨单元上，因此单个距离分辨单元上的信噪比会变低，不利于宽带雷达的目标检测；另一方面，由于宽带雷达距离分辨单元很小，目标在相邻脉冲之间的运动很容易导致目标回波包络发生跨距离单元走动，给目标回波的长时间积累带来困难。

由于经典的雷达信号检测跟踪理论都是建立在窄带信号的基础上，为满足雷达目标检测跟踪理论的适用条件，现有宽带成像雷达采用了窄带－宽带交替的工作方式：首先利用窄带通道对目标进行检测和跟踪，再根据窄带通道获取的目标位置信息，引导宽带通道对特定目标进行高分辨成像。这种工作方式的主要问题是时间利用率低，不仅使窄带通道和宽带通道的数据率都下降一半，而且大大限制了成像雷达的作用距离。为解决上述问题，宽带雷达检测跟踪技术将检测和跟踪环节也放在宽带通道内完成，利用同一套信号波形实现检测、跟踪、成像、识别的全流程，避免采用窄带－宽带交替的工作方式，提高宽带雷达的时间资源利用率，从而提高宽带雷达的数据率，增大宽带雷达的作用距离。

本章主要对宽带雷达系统的前沿技术进行简要概述。首先介绍宽带雷达信号长时间积累技术，采用 Keystone 变换等方法校正目标回波跨距离单元走动，实现目标回波的长时间相参积累；接着讨论宽带雷达检测跟踪技术，建立宽带雷达目标检测性能的分析比较准则，介绍宽带雷达扩展目标检测跟踪方法，并提出检测跟踪一体化的相关概念。在较高的信噪比条件下，结合相位导出测距技术，宽带雷达还具有高精度测距能力，可实现对目标微动的测量。本章最后简要讨论宽带雷达高精度测距与微动测量方法。

5.1 宽带雷达信号长时间积累技术

5.1.1 多脉冲回波距离走动校正技术

5.1.1.1 宽带雷达多脉冲信号模型

宽带雷达的数据采集方式可以分为直接数字采样和模拟去斜处理两种方式。两种方式下信号长时间积累方法略有不同,本节先考虑直采信号的长时间相参积累。

设雷达发射的脉冲宽度为 T_0,脉冲重复周期为 T_r,中心频率为 f_c,那么发射信号可以写成

$$s(t,n) = p(t - nT_r)\exp[j2\pi f_c(t - nT_r)] \tag{5.1}$$

式中:$p(t)$ 为信号的复包络(即基带信号);n 为脉冲计数。假设目标含有 I 个可在距离向上被分辨的散射点(以 i 进行计数),各散射点径向速度为 v_i(v_i 远小于光速 c),径向加速度为 a_i,且在 n 为 0 时与雷达的径向距离为 r_i,那么在 $t=0$ 处,进行 Taylor 级数展开,并忽略三次及三次以上项,可得第 i 个散射点在第 n 个发射脉冲时与雷达间的径向距离为

$$R_i(n) = r_i + v_i nT_r + \frac{1}{2}a_i(nT_r)^2 \tag{5.2}$$

回波脉冲序列可以表示为

$$s_r(\tilde{t},n) = \sum_{i=1}^{I} A_i \exp(j\phi_i)\, p\left[\tilde{t} - \frac{2R_i(n)}{c}\right]\exp\left\{j2\pi f_c\left[\tilde{t} - \frac{2R_i(n)}{c}\right]\right\} \tag{5.3}$$

式中:$\tilde{t} = t - nT_r$ 通常称为“快时间”,相应的 n 称为“慢时间”。$A_i\exp(j\phi_i)$ 为散射点回波信号的复幅度,其强度只与散射点 RCS 及径向距离有关,在一个处理周期内可近似认为复幅度是常量。

对回波信号进行混频,可得

$$s_r(\tilde{t},n) = \sum_{i=1}^{I} A_i\exp(j\phi_i)p\left[\tilde{t} - \frac{2R_i(n)}{c}\right]\exp\left[-j2\pi f_c\frac{2R_i(n)}{c}\right] + \mathrm{wgn}(\tilde{t},n) \tag{5.4}$$

式中:wgn(·)为接收机热噪声,假设其是均值为零、方差为 σ^2 的复高斯白噪声。则某散射点回波信噪比(SNR)可以定义为 $10\lg(A_i^2/\sigma^2)$dB。

定义基带脉冲信号的傅里叶变换有

$$\mathbb{F}[p(\tilde{t})] = P(f_{\tilde{t}}) \tag{5.5}$$

式中:$\mathbb{F}[\cdot]$代表傅里叶变换算子。对式(5.4)的快时间进行傅里叶变换可得

$$S_{\mathrm{r}}(f_{\tilde{t}},n) = \sum_{i=1}^{I} A_i \exp(\mathrm{j}\phi_i) P(f_{\tilde{t}}) \exp\left[-\mathrm{j}\frac{4\pi}{c}(f_{\mathrm{c}}+f_{\tilde{t}}) R_i(n)\right] + \mathrm{WGN}(f_{\tilde{t}},n) \tag{5.6}$$

式中:$f_{\tilde{t}}$为 $\tilde{t}$ 的频域变量,可以称为快时间频率或距离频率;高斯白噪声(WGN)为 wgn 在快时间域上的傅里叶变换。在上式中忽略了多普勒频率对快时间的影响,对于线性调频信号,即忽略了多普勒频率产生的耦合时移。将式(5.2)代入式(5.6),则有

$$S_{\mathrm{r}}(f_{\tilde{t}},n) = \sum_{i=1}^{I} A_i \exp(\mathrm{j}\phi_i) P(f_{\tilde{t}}) \exp\left[-\mathrm{j}\frac{4\pi}{c}(f_{\mathrm{c}}+f_{\tilde{t}})\left(r_i + v_i n T_{\mathrm{r}} + \frac{1}{2}a_i n^2 T_{\mathrm{r}}^2\right)\right] + \mathrm{WGN}(f_{\tilde{t}},n) \tag{5.7}$$

式中:相位项 $\exp[-\mathrm{j}(4\pi/c)(f_{\mathrm{c}}+f_{\tilde{t}})v_i n T_{\mathrm{r}}]$ 表明,速度 v_i 与快时间频率 $f_{\tilde{t}}$ 存在耦合,随着速度的增大、距离分辨力的增加和积累时间的增长,这种耦合将会造成目标包络随脉冲域变量 n 产生线性移动,并可能跨越多个距离分辨单元。

5.1.1.2　Keystone 变换原理与算法

为了对齐回波信号包络以实现相参积累,需要在雷达和目标散射点之间的径向速度不能精确获知的情况下,消除 v 与 $f_{\tilde{t}}$ 之间的耦合,从而校正由径向速度引起的距离走动。而 Keystone 变换正是利用线性坐标变换来消除二者之间耦合的,对 n 进行时间尺度变换如下:

$$n = \frac{f_{\mathrm{c}}}{f_{\mathrm{c}}+f_{\tilde{t}}} m \tag{5.8}$$

这相当于对原脉冲域(简称 n 域)中的数据在新的脉冲域(简称 m 域)中进行了伸缩处理,如图 5.1 所示。

同时,这一过程也可以看作引入一虚拟的脉冲重复周期 T_{rv}(下标 v 指虚拟),T_{rv} 随发射信号频率的变化并与原脉冲重复周期 T_{r} 成如下关系:

$$T_{\mathrm{rv}} = \frac{f_{\mathrm{c}}}{f_{\mathrm{c}}+f_{\tilde{t}}} T_{\mathrm{r}} \tag{5.9}$$

将 Keystone 变换式代入式(5.7),可得

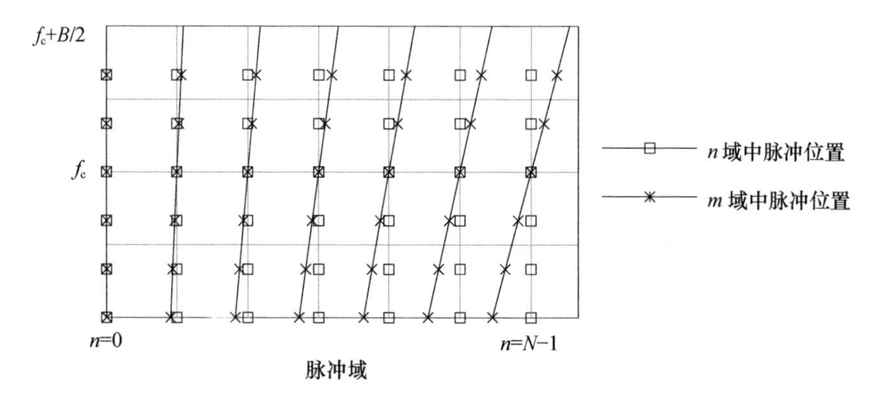

图 5.1　Keystone 变换示意图

$$
\begin{aligned}
S_{\mathrm{ks}}(f_{\tilde{t}},m) &= S_{\mathrm{r}}\left(f_{\tilde{t}},\frac{f_{\mathrm{c}}}{f_{\mathrm{c}}+f_{\tilde{t}}}m\right) \\
&= \sum_{i=1}^{I} A_i \exp(\mathrm{j}\phi_i) P(f_{\tilde{t}}) \exp\left[-\mathrm{j}\frac{4\pi}{c}(f_{\mathrm{c}}+f_{\tilde{t}})r_i\right]\times \\
&\quad \exp\left(-\mathrm{j}\frac{4\pi}{c}f_{\mathrm{c}}v_i m T_{\mathrm{r}}\right)\exp\left(-\mathrm{j}\frac{2\pi}{c}\frac{2f_{\mathrm{c}}^2}{f_{\mathrm{c}}+f_{\tilde{t}}}a_i m^2 T_{\mathrm{r}}^2\right)+ \\
&\quad \mathrm{WGN}\left(f_{\tilde{t}},\frac{f_{\mathrm{c}}}{f_{\mathrm{c}}+f_{\tilde{t}}}m\right)
\end{aligned}
\tag{5.10}
$$

尽管雷达与散射点间的径向速度未知，但通过 Keystone 变换后，v_i与$f_{\tilde{t}}$之间的耦合得以解耦。经过 Keystone 变换，在原$(f_{\tilde{t}},n)$域中的矩形形状数据被映射成为$(f_{\tilde{t}},m)$域中类似倒梯形的数据。设 Keystone 变换系数为α，则 Keystone 变换式也可以表示为

$$
m = n\frac{f_{\mathrm{c}}+f_{\tilde{t}}}{f_{\mathrm{c}}} = \frac{n}{\alpha} \tag{5.11}
$$

由于有 $n=0,1,\cdots,N-1$，那么在 m 域中坐标将为小数。而我们需要的 m 域坐标应该为整数，并与回波脉冲相对应，即要求其支撑域为$[0,N-1]$，因此需要对$(f_{\tilde{t}},n)$域中数据进行插值处理。

对脉冲域进行的插值处理可以使用 sinc 内插来实现，即

$$
S_{\mathrm{ks}}(f_{\tilde{t}},m) = S_{\mathrm{r}}(f_{\tilde{t}},\alpha m) = \sum_{n=0}^{N-1} S_{\mathrm{r}}(f_{\tilde{t}},n)\,\mathrm{sinc}(\alpha m-n) \tag{5.12}
$$

式中：m、n 的支撑域相同，为$[0,N-1]$。由式(5.12)可见，这个内插过程是线性的，即可以分别计算各个散射点、噪声的内插结果，再叠加起来作为 Keystone 变换的输出结果。这就表明，Keystone 变换与散射点数目、噪声无关，因

此多散射点(或多目标)和低信噪比的情况并不影响该变换的准确性。

传统的插值运算方法不管是上述使用的 sinc 函数插值,还是多项式插值以及样条插值(spline interpolation)等,都需要进行比较复杂的运算,其运算效率较低;使用 DFT - IFFT 法,可以有效降低运算量。

当信号 $x(t)$ 的傅里叶变换为 $X(f)$ 时,对 $x(t)$ 进行伸缩处理将等同于对其频谱进行伸缩处理,即

$$x(\alpha t) \leftrightarrow \frac{1}{|\alpha|} X\left(\frac{f}{\alpha}\right) \tag{5.13}$$

对式(5.7)首先在脉冲域上进行傅里叶变换,有 $S_{\mathrm{r}}(f_{\tilde{t}}, n) \leftrightarrow S_{\mathrm{r}}(f_{\tilde{t}}, f_n)$。如果可以对频谱进行伸缩处理,得到$\frac{1}{|\alpha|}S_{\mathrm{r}}\left(f_{\tilde{t}}, \frac{f_n}{\alpha}\right)$,那么对$f_n$进行逆傅里叶变换,就可得到 $S_{\mathrm{r}}(l, \alpha m)$,即完成了 Keystone 变换。

该实现过程可以表示为

$$S_{\mathrm{r}}\left(f_{\tilde{t}}, \frac{f_n}{\alpha}\right) = \sum_{n=0}^{N-1} S_{\mathrm{r}}(f_{\tilde{t}}, n) \exp\left(-\mathrm{j}\frac{2\pi}{N}\frac{1}{\alpha}f_n n\right), \quad f_n = 0, 1, \cdots, N-1 \tag{5.14}$$

$$S_{\mathrm{ks}}(f_{\tilde{t}}, m) = S_{\mathrm{r}}(f_{\tilde{t}}, \alpha m) = \frac{1}{N|\alpha|}\sum_{f_n=0}^{N-1} S_{\mathrm{r}}\left(f_{\tilde{t}}, \frac{f_n}{\alpha}\right) \exp\left(\mathrm{j}\frac{2\pi}{N}f_n m\right) \tag{5.15}$$

式中:$m = 0, 1, \cdots, N-1$。由于尺度变换因子可以事先运算并存储起来,而 DFT 运算可以通过变换 FFT 运算所使用的旋转因子来完成,因此 Keystone 变换在每个距离频率$f_{\tilde{t}}$上的一次尺度变换运算可以通过一次 FFT 和一次 IFFT 运算来完成。

图 5.2 给出了目标速度为 -3m/s、取 128 个脉冲进行相参积累时,Keystone 变换前后的回波距离走动情况。从图中可以看出,Keystone 变换可以有效地对齐低速运动目标的回波信号包络。

5.1.1.3　高速目标回波相参积累

对于高速运动的目标,目标多普勒频率可能存在模糊。如果可以获得目标速度的先验信息,通过依据目标的先验速度构造如下式所示的相位补偿项,利用该相位补偿项可以将高速运动的目标回波补偿成一个低速运动的目标,则相位补偿项可以表示为

$$P_{\mathrm{a}} = \exp\left[\mathrm{j}\frac{4\pi}{c}(f_{\mathrm{c}} + f_{\tilde{t}})\hat{v}nT\right] \tag{5.16}$$

式中:$\hat{v}$ 为目标速度的估计值。将式(5.16)代入式(5.7)可以得到

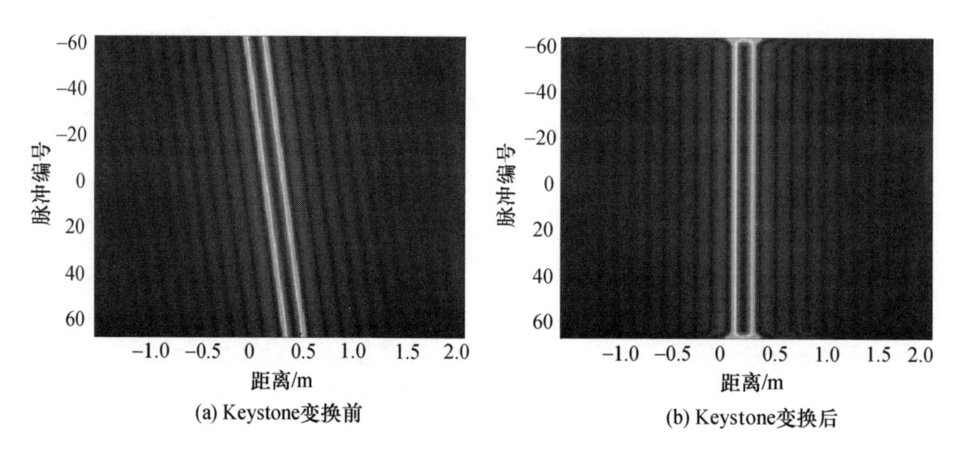

图 5.2　Keystone 变换前后的回波距离走动情况(见彩图)

$$S_{\mathrm{r}}(f_{\tilde{\tau}},n)=\sum_{i=1}^{I}A_i\exp(\mathrm{j}\phi_i)P(f_{\tilde{\tau}})\exp\left[-\mathrm{j}\frac{4\pi}{c}(f_{\mathrm{c}}+f_{\tilde{\tau}})\left(r_i+\Delta vnT_{\mathrm{r}}+\frac{1}{2}a_i(nT_{\mathrm{r}})^2\right)\right] \tag{5.17}$$

式中:$\Delta v=v-\hat{v}$ 是补偿后的目标速度残差。从式(5.17)可以看出,经相位补偿后的目标回波等效于速度为 Δv 的目标回波,可以采用低速无模糊情况下的 Keystone 变换算法进行距离走动校正。

考虑目标为单散射点的情况,即 $I=i=1$,散射点相对雷达的径向速度 v_i、其对应的模糊速度 v_{ia},以及最大无模糊速度 v_{umax} 存在如下关系式:

$$v_i=v_{\mathrm{ia}}+Fv_{\mathrm{umax}} \tag{5.18}$$

式中:F 用来表征模糊程度,可以称为模糊数或折叠因子。由式(5.7)可得

$$f_{\mathrm{d}}=-\frac{2v(f_{\mathrm{c}}+f_{\tilde{\tau}})}{c} \tag{5.19}$$

则可知 v_{umax} 将由雷达使用的脉冲重复频率 f_{r}、中心频率 f_{c} 及 $f_{\tilde{\tau}}$ 决定,并有

$$v_{\mathrm{umax}}=-\frac{1}{2}\frac{cf_{\mathrm{r}}}{f_{\mathrm{c}}+f_{\tilde{\tau}}} \tag{5.20}$$

将式(5.18)代入(5.17)可得

$$S_{\mathrm{r}}(f_{\tilde{\tau}},n)=C(F,n)S_{\mathrm{a}}(f_{\tilde{\tau}},n) \tag{5.21}$$

式中:$C(F,n)$ 是由多普勒模糊产生的相位项,即

$$C(F,n)=\exp\left[-\mathrm{j}\frac{4\pi}{c}(f_{\mathrm{c}}+f)Fv_{\mathrm{umax}}nT_{\mathrm{r}}\right]=\exp(\mathrm{j}2\pi Fn) \tag{5.22}$$

$C(F,n)$ 的 Keystone 变换为

$$C_{\mathrm{ks}}(F,m)=\exp\left[\mathrm{j}2\pi\frac{f_{\mathrm{c}}}{f_{\mathrm{c}}+f}Fm\right) \tag{5.23}$$

而 $S_{\mathrm{a}}(f_{\tilde{t}},n)$ 为模糊速度 v_{ia} 对应的回波信号频谱，有

$$S_{\mathrm{a}}(f_{\tilde{t}},n)=P(f_{\tilde{t}})\exp\left[-\mathrm{j}\frac{4\pi}{c}(f_{\mathrm{c}}+f_{\tilde{t}})\left(R_0+v_{ia}nT_{\mathrm{r}}+\frac{1}{2}a_in^2T_{\mathrm{r}}^2\right)\right] \tag{5.24}$$

其 Keystone 变换 $S_{\mathrm{aks}}(f_{\tilde{\tau}},n)$ 与式(5.18)对应，需要将式(5.18)中 v_i 以模糊速度 v_{ia} 替换。那么，可得 $S_{\mathrm{r}}(f_{\tilde{\tau}},n)$ 的 Keystone 变换为

$$\begin{aligned}S_{\mathrm{ks}}(f_{\tilde{\tau}},m)&=C_{\mathrm{ks}}(F,m)S_{\mathrm{aks}}(f_{\tilde{t}},m)\\&=\exp\left(\mathrm{j}2\pi\frac{f_{\mathrm{c}}}{f_{\mathrm{c}}+f_{\tilde{t}}}Fm\right)P(f_{\tilde{t}})\exp\left[-\mathrm{j}\frac{4\pi}{c}(f_{\mathrm{c}}+f_{\tilde{t}})R_0\right]\times\\&\quad\exp\left(-\mathrm{j}\frac{4\pi}{c}f_{\mathrm{c}}v_{ia}mT_{\mathrm{r}}\right)\exp\left(-\mathrm{j}\frac{2\pi}{c}\frac{f_{\mathrm{c}}^2}{f_{\mathrm{c}}+f_{\tilde{t}}}a_im^2T_{\mathrm{r}}^2\right)\end{aligned} \tag{5.25}$$

对比式(5.18)，式(5.25)Keystone 变换过程相当于对存在多普勒模糊的回波数据直接进行 Keystone 变换，然后再对计算式乘以校正因 $C_{\mathrm{ks}}(F,m)$ 进行校正。由于 $C_{\mathrm{ks}}(F,m)$ 很小，将不会造成噪声方差及分布特性的过大改变，因此忽略了 $C_{\mathrm{ks}}(F,m)$ 对噪声分量的影响。

在折叠因子式(5.18)中，$f_{\tilde{t}}$ 的取值范围为[$-B/2,B/2$]。当带宽 B 较大时，$f_{\mathrm{d}\tilde{\tau}}$ 的变化较大，折叠因子 F 不再是一个定值。例如，在表 5.1 所列的参数情况下，当 $f_{\tilde{t}}$ 在[$-B/2,B/2$]范围内取值时，折叠因子的变化范围是从 195 ~ 205。

在这种情况下，采用同一个折叠因子进行相位补偿是不合理的。一般地，当 $vB>cf_{\mathrm{r}}/4$，即 $vB>cf_{\mathrm{r}}/4$ 时，折叠因子就不再是一个定值了，上述使用同一折叠因子进行补偿的方法将失效。以表 5.1 给出的参数为例，折叠因子选择中间值 200，Keystone 变换的仿真结果如图 5.3 所示。

表 5.1　折叠因子变化的仿真参数

带宽	中心频率	脉冲重复频率	目标速度	积累脉冲个数
500MHz	10GHz	1kHz	-3000m/s	32

由图 5.3 可以看出，使用同一个折叠因子来矫正，Keystone 变换后虽然包络走动得以矫正，但每个脉冲的波形严重变形，已经不是一个窄的 sinc 波形了，有了距离的展宽和幅度的下降，这对后续的相参积累是不利的。

信号的上限频率 f_{H} 和下限频率 f_{L} 如下：

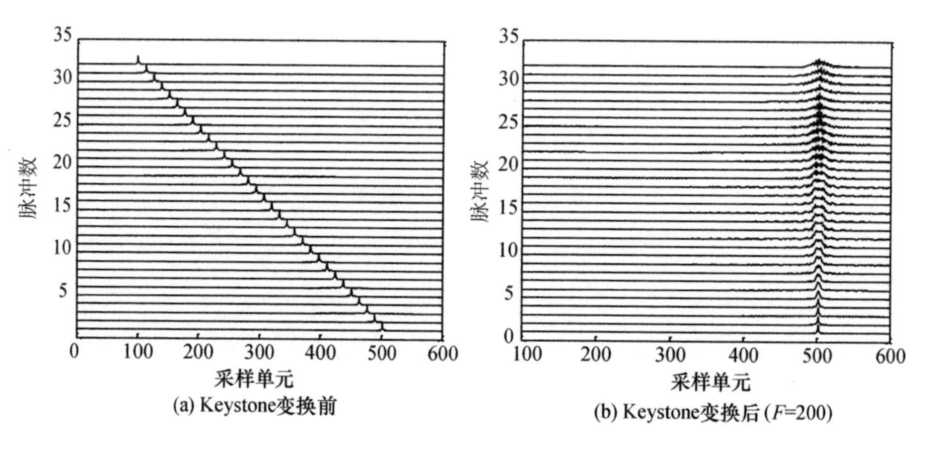

图 5.3　超宽频带下速度模糊对 Keystone 变换的影响

$$f_{L}=f_{c}-B/2 \tag{5.26}$$

$$f_{H}=f_{c}+B/2 \tag{5.27}$$

则 f_{H} 和 f_{L} 对应的模糊数分别为

$$F_{L}=\text{ROUND}\left(\frac{2vf_{L}}{cf_{r}}\right) \tag{5.28}$$

$$F_{H}=\text{ROUND}\left(\frac{2vf_{H}}{cf_{r}}\right) \tag{5.29}$$

观察式(5.28)与式(5.29)可以看出,当 f_{H} 和 f_{L} 相差较大或 v 较大时,都会使 $F_{L}\neq F_{H}$。因此,如果在进行 Keystone 变换前对高速目标回波信号进行补偿,补偿后回波可视为低速目标(即不存在多普勒模糊),就可以解决不同频点下运动目标对应多普勒模糊数不同的问题。

5.1.2　合成宽带脉冲多普勒技术

合成宽带 PD 雷达体制采用多周期频率步进信号,可以同时实现高距离和高速度分辨。其中频率步进信号是合成宽带的,提高了距离分辨力;同时频率步进信号的每个子脉冲是窄带的,对高速目标允许有较长的相参处理时间,可以兼容 PD 处理。

合成宽带 PD 雷达是下一代新体制雷达的发展方向,下面分别从合成宽带 PD 雷达信号形式、合成宽带 PD 雷达原理及其特点三个方面进行介绍。

5.1.2.1　合成宽带 PD 雷达信号形式

在合成宽带 PD 雷达中,信号形式主要有两种:多周期脉冲间频率步进信号和多周期脉冲内频率步进信号。

多周期脉冲间频率步进信号，也称为多周期频率步进脉冲序列信号，如图 5.4所示。每个脉冲重复周期只发射一个单频脉冲，不同脉冲重复周期的单频脉冲具有频率步进的载频，多个脉冲重复周期构成一个频率步进周期，多个频率步进周期构成一个相参处理周期。

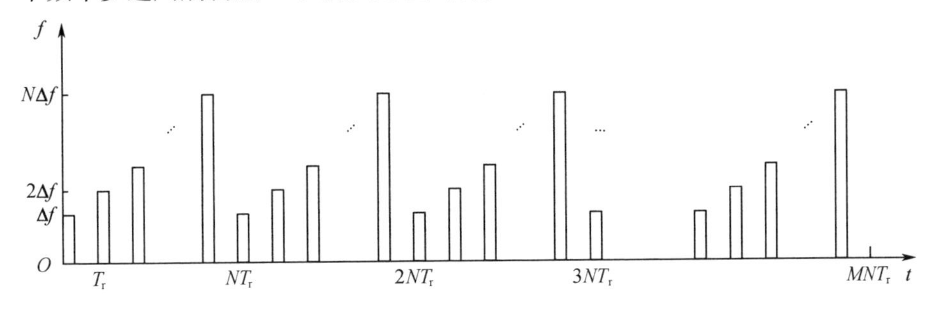

图 5.4　多周期脉冲间频率步进信号时频图

多周期脉冲内频率步进信号，也称为多周期频率步进子脉冲序列信号，如图 5.5所示。每个脉冲重复周期发射一串由多个步进载频的单频子脉冲组成的子脉冲序列，序列内的各个单频子脉冲相互正交，多个脉冲重复周期构成一个相参处理周期。

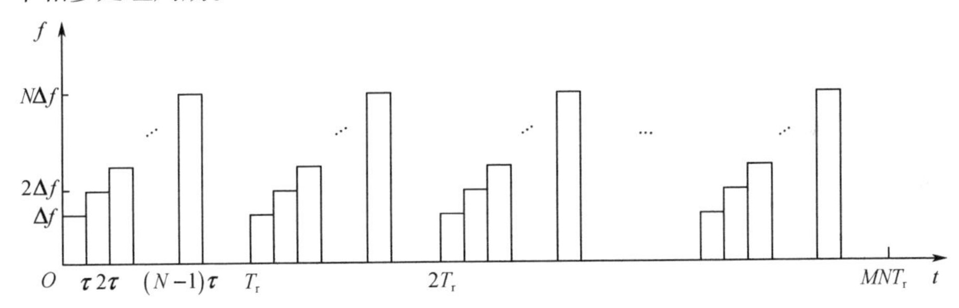

图 5.5　多周期脉冲内频率步进信号时频图

上述两种信号中，载频步进方式可以是线性步进或随机跳频，脉冲或子脉冲内调制方式可以采用单频、线性调频或相位编码等。其中：第一种是以往我们所理解的传统频率步进信号形式，其优点是信号产生、发射和接收简单，但是由于频率步进在不同发射脉冲之间进行，相参处理周期相对较长，因此受目标运动影响较大；第二种信号的频率步进发生在同一个发射脉冲的不同子脉冲序列之间，在同样带宽条件下，其相参处理周期较短，因此受目标运动影响较小。

5.1.2.2　合成宽带 PD 雷达原理

宽带 PD 雷达发射多周期频率步进合成宽带信号。利用时分或频分的方法分离出各个步进频点的回波之后,对多周期的同频点回波脉冲信号进行频谱分析(PD 处理),即可测得各个目标回波的径向速度;根据相应步进频点频率和目标速度即可得到目标运动产生的回波一次相位项和二次相位项,并用于对不同步进频点的不同速度通道回波进行运动相位补偿;然后将每个速度通道的不同步进频点回波信号一起进行 IFFT 处理,进一步得到每个速度通道的高分辨距离,即可对不同速度目标分别得到其高分辨一维距离像,这样就能同时实现距离和速度高分辨测量,处理流程如图 5.6 所示。

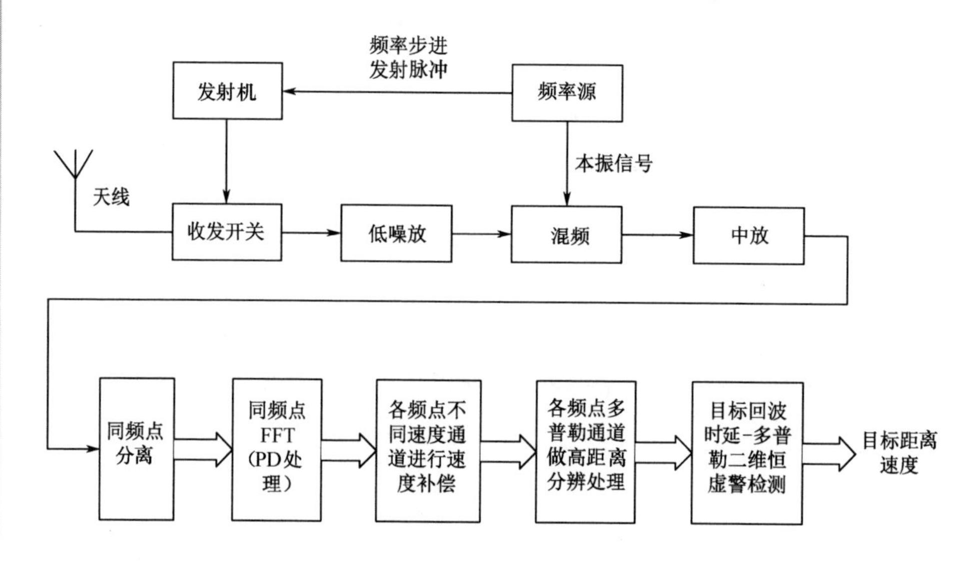

图 5.6　合成宽带 PD 雷达原理框图

5.1.2.3　合成宽带 PD 雷达特点

合成宽带 PD 雷达具有如下特点。

1) 同时具备高距离分辨力和高多普勒分辨力

频率步进合成宽带信号为大时宽带宽信号,其模糊函数呈"斜刀刃形"或"图钉形",近似理想匹配滤波处理,能够实现基于宽带信号的高距离分辨和高速度分辨。

同时,其幅相一致性校正易于实现,能够实现接近理想的雷达性能。大时宽带宽线性调频信号很难进行幅相一致性校正,若选定几个频点进行幅相校正,则校正效果有限,且校正点附近的频谱也会受影响;对多周期频率步进合成宽带信号,可以采用时分或频分方法区分各个步进频点,这有利于实现基于每个频点的幅相一致性校正处理。

2）在杂波中检测目标的能力增强

采用多周期频率步进合成宽带信号，相对于其他宽带信号形式，对高速目标允许有多个脉冲重复周期的相参处理时间。

对运动目标，PD 雷达体制可以有效去除强杂波；对静止或低速目标，由于雷达的宽带特性，宽带 PD 雷达的杂波分辨单元面积（或体积）小，杂波强度低，另外由于距离分辨力提高，杂波分布趋于稀疏，杂波区中出现大量无杂波或低杂波区，使得杂波所占距离单元数减少[1]。

距离上无杂波折叠。对周期间频率步进信号，其雷达接收机的本振信号也为频率步进信号，只有相应距离的重复周期回波差为中频，其他距离段回波因偏离中频被中放的带通滤波器所抑制，我们把合成宽带 PD 雷达的这种特性称为具有距离选择能力，即能够通过改变本振信号时延，来选择性接收不同脉冲重复周期内的目标回波。当雷达工作在强地/海杂波环境时，若采用窄带中高脉冲重复频率 PD 雷达，较远距离的面杂波可以折叠到近距离回波上，使杂波与目标回波在时间上重合；若采用多周期频率步进信号的宽带 PD 雷达，由于距离上无杂波折叠，故近距离小目标只需与同距离的杂波竞争，提高了检测小目标的能力。

综上，可知合成宽带 PD 雷达具备很好的抗杂波性能。

3）可解速度模糊且无距离模糊

对于导弹等超高速目标，可以根据目标速度范围，通过加大硬件处理能力解速度模糊，因此宽带 PD 雷达原则上可以不用参差重复频率来解速度模糊，在相同数据率条件下提高了雷达威力。

此外，对一般雷达，当回波时延超过雷达重复周期时，目标回波会出现距离模糊；而对于采用多周期频率步进合成宽带信号的宽带 PD 雷达，利用接收机处理可以分别得到所需匹配的距离段，当回波时延小于频率步进周期时，可以解距离模糊。进一步地，利用相推原理还能实现极高的测距精度。频率步进合成宽带信号更容易实现长时间相参处理，有利于实现更高精度的相推测距。

因此，频率步进合成宽带 PD 雷达能同时测速和测距，再结合适当的信号波形选择和参数设计，宽带 PD 雷达具有较强的高速目标处理能力。

4）优良的抗干扰和抗截获性能

采用多周期频率步进调制脉冲和多周期频率步进调制子脉冲序列信号，不同脉冲重复周期的雷达信号不具有周期性，并且每个发射脉冲内可以进行随机的频率和相位编码，采用现有基于数字射频存储（DRFM）技术的干扰装备，很难对其进行有效干扰。

5.2 宽带雷达检测跟踪技术

5.2.1 宽窄带雷达检测性能分析比较准则

为了准确评估宽带雷达的目标检测性能,正确评价宽窄带雷达目标检测性能的优劣,需要针对宽窄带雷达建立统一的检测性能分析比较准则。雷达目标检测是一个噪声中的信号检测问题,凡是影响到目标回波信号和噪声信号强弱的因素都可能对目标检测性能造成影响。一般地,决定雷达目标检测性能的主要因素包括目标散射特性、目标相对于雷达的运动状态和雷达参数,对上述三个方面进行定量描述是分析目标检测性能的基础和前提。

在窄带条件下,目标的散射特性由 RCS 来描述。目标的 RCS 是一个标量,它表征了目标返回到雷达的回波信号的强度。对特定目标,RCS 并不是一个常数,其数值随着目标姿态剧烈起伏,因此,窄带目标 RCS 被视为随机变量,其统计特性用特定概率分布及其参数来描述,如瑞利分布等。而且,由于目标相对于雷达运动引起目标姿态随时间变化,从而导致雷达观测到的目标 RCS 起伏,目标 RCS 起伏的快慢也会影响目标的检测性能。现有窄带雷达目标检测分析无法采用 Swerling 模型统一描述目标的 RCS 分布和起伏特性。此外,雷达接收机回波信号的能量受到雷达系统损耗、信号处理增益等影响,噪声功率受到噪声温度等参数的影响。因此,雷达自身的有关参数也会影响目标检测性能。

在窄带条件下,上述影响检测性能的因素可由信噪比来统一描述。对于特定起伏类型的目标,其雷达回波的信噪比由目标 RCS、径向距离、雷达发射功率、天线增益、系统损耗、噪声温度、带宽等共同决定,其中,径向距离、雷达发射功率、天线增益、系统损耗可以合并为功率因子。因此,在虚警概率一定的情况下,窄带目标检测性能由信噪比决定,目标 RCS 越大、功率因子越大、噪声温度越低,则信噪比越高,目标检测概率越大,检测性能越好。

由于经典的雷达目标检测是在窄带完成的,所以现有的目标检测性能分析方法和比较准则是针对窄带雷达的,其核心要素是信噪比。窄带目标检测性能的主要分析工具是描述检测概率、虚警概率、信噪比三者关系的接收机检测特性(ROC)曲线族,比较准则是在相同的信噪比和虚警概率约束下,通过检测概率来判定检测性能的好坏。在虚警概率一定的情况下,对特定起伏类型的目标,信噪比反映了窄带雷达目标检测性能,即信噪比相等就意味着检测概率相同,故窄带信噪比可用于检测性能比较。以 Swerling I 型目标为例,其

幅度分布为有两个自由度的χ^2分布，在给定的虚警概率下，检测概率随信噪比的变化关系为

$$P_D = \exp\left(\frac{-\sqrt{-2\sigma^2 \ln P_{fa}}}{1 + \mathrm{SNR}}\right) \tag{5.30}$$

式中：P_{fa}为虚警概率；SNR 为信噪比；σ^2为噪声功率。检测特性曲线如图 5.7 所示。

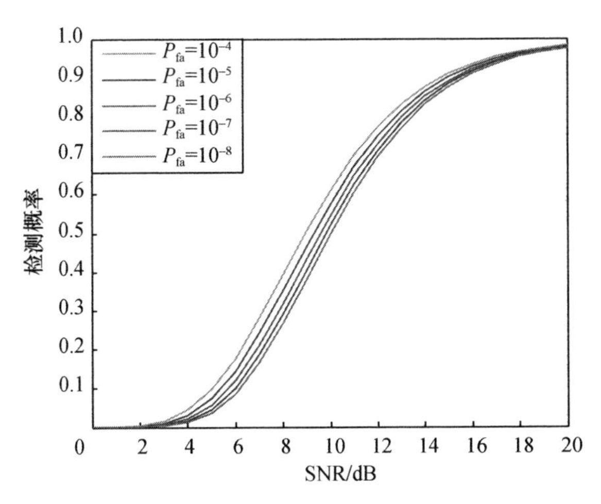

图 5.7　窄带检测性能分析工具：检测特性曲线（见彩图）

在宽带条件下，目标不再是点目标，其散射特性不能简单使用 RCS 来描述。在宽带条件下，目标成为扩展目标，由多个散射点组成，分布在不同的距离单元上。扩展目标散射特性的完整描述应包含其散射点个数、位置、幅度及相位，考虑目标散射回波的随机性，上述参量均为随机变量，因此，扩展目标的电磁散射特性可以用一个随机矢量来描述。该随机矢量的统计分布无法用现有的窄带目标 RCS 统计模型来描述。如何描述宽带目标散射特性的统计分布是分析宽带检测性能的主要难点。

宽带条件下目标的散射特性仍然是时变的，目标回波也存在起伏。但由于目标宽带散射特性需用矢量表示，所以现有的 Swerling 起伏模型不再适用。如何表征宽带目标散射特性的起伏，也是分析宽带目标检测性能的难点之一。

宽带雷达目标检测的上述特点决定了窄带雷达目标检测性能分析方法不能直接用于宽带。此外，窄带雷达目标检测性能比较准则也不能用于宽窄带检测性能的比较，主要有以下两个方面原因。一方面，目标的散射特性不同。即使是对同一目标，其宽带散射特性和窄带散射特性也不相同，且描述方式不统一。窄带目标散射特性用 RCS 标量即可描述，而宽带目标散射特性必须用

矢量来描述,二者不具有可比性。另一方面,宽带雷达和窄带雷达的噪声功率不同。如采用信噪比准则比较宽窄带检测性能,以不起伏的理想点目标为例,此时,宽窄带目标散射特性都可以用 RCS 来表示,且宽窄带 RCS 相同;由于宽带噪声大,为了达到与窄带相同的信噪比,则需要更大的发射功率。可见,基于信噪比准则的宽窄带检测性能比较是不公平的,因为宽窄带具有相同的信噪比意味着不同的边界条件。

因此,为了客观公正地分析比较宽窄带雷达的目标检测性能,不能采用现有的基于信噪比的检测性能比较准则,而应建立描述目标的散射特性和雷达性能参数的统一框架,在相同场景条件及合理的雷达参数下,采用新的雷达目标检测性能分析比较准则,比较宽窄带雷达对同一目标的检测性能。

这种雷达目标检测性能分析比较新准则需要对目标散射特性、雷达参数及目标相对于雷达的运动状态等影响检测性能的因素进行统一的定量描述,以目标扫频模型、观察角变化模型和雷达噪声温度、发射功率为约束条件,在此基础上分析目标检测性能,实现宽窄带雷达目标检测性能的公平比较。新准则包含以下三个方面内容。

1）扩展目标 RCS 定义

目标宽频带散射特性无法用 RCS 来描述,需要采用全带宽扫频模型描述目标的散射特性,以此为基础分析雷达目标检测性能。对于相同的目标,宽窄带检测性能分析基于相同的目标全带宽扫频模型,宽、窄带的差别仅体现为所选取的频率区间宽度不同。

2）目标电磁散射特性起伏

宽带条件下,目标电磁散射起伏特性难以建模,可通过采用全方位目标扫频模型来描述各种姿态下的目标散射特性,结合具体场景分析目标相对于雷达的姿态变化,间接描述目标电磁散射特性的起伏规律,简化目标电磁散射起伏特性建模。

3）宽窄带目标检测性能比较方法

因为宽窄带具有相同的信噪比意味着不同的边界条件,基于信噪比的检测性能比较方法不能用于宽窄带雷达目标检测性能的对比。为了保证宽窄带雷达目标检测性能比较的公平性,需要基于相同的目标全方位全带宽扫频模型、相同的雷达噪声温度,在相同的归一化发射功率的约束下比较宽窄带检测性能。其中,在信号方面,相同的目标全方位全带宽扫频模型和相同的归一化发射功率保证了宽窄带检测性能比较的公平性;在噪声方面,由于雷达回波信号噪声功率与系统噪声温度和信号带宽成正比,在相同的噪声温度约束下对比宽窄带检测性能是公平的。虽然由于各种复杂因素的影响,在实际工程中宽频带雷达很难做到宽窄带噪声温度完全相同，但对于宽窄带检测性能比较的理论问题，忽略次要的影响，假定噪声温度相同是合理的。

如前所述，基于信噪比的检测性能分析方法对宽带来说并不适用，故舍弃信噪比，而考虑在相同的目标、相同的目标姿态和相同的系统噪声温度的条件下，通过检测概率随归一化发射功率的变化曲线，分析宽窄带检测性能，如图5.8所示。

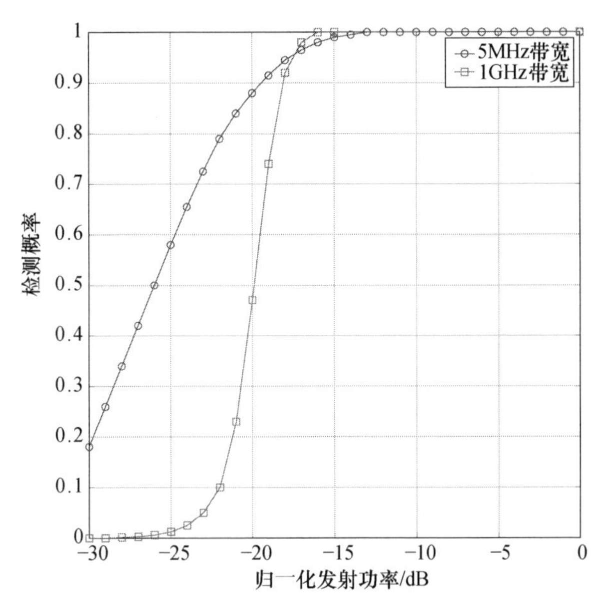

图5.8　检测概率随归一化发射功率的变化曲线

所谓相同的目标，是指采用相同的全带宽扫频模型，宽窄带的区别仅在于所取频率区间范围不同。

目标姿态是目标回波起伏的根源，因此在进行宽窄带检测比较时目标姿态必须相同。

为了分析方便，假定宽窄带具有相同的系统噪声温度，即宽窄带接收通道共用同一低噪放，此时根据噪声功率 P_n 的计算公式

$$P_n = k_0 T_s B \tag{5.31}$$

式中：k_0 为玻耳兹曼常数；T_s 为系统噪声温度；B 为系统中频带宽。可以得出，宽窄带噪声功率将由系统中频带宽唯一确定，即中频带宽越大，系统噪声功率越大。

通过遍历发射功率，给出在不同发射功率下的宽窄带检测概率。对发射功率进行归一化，以此为横坐标绘制宽窄带检测概率变化曲线。在特定检测

概率下，统计宽带相对于窄带的雷达发射功率之差，定义为积累信噪比改善，以实现对宽窄带检测的公平比较，如图5.9所示。

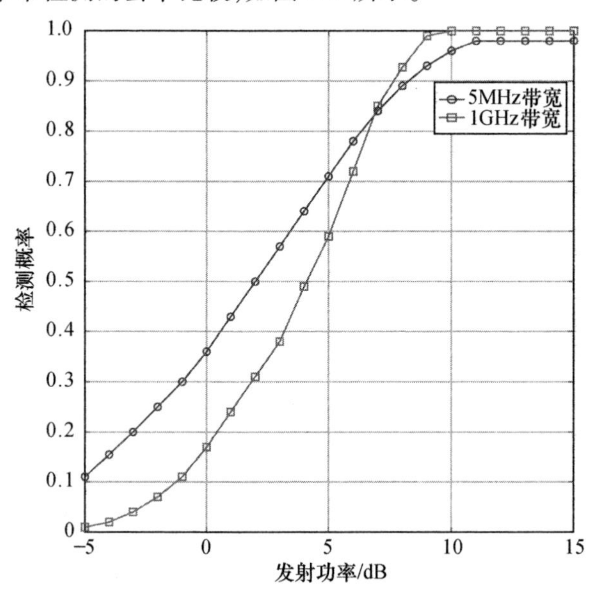

图5.9 在特定检测概率下宽带积累信噪比改善

5.2.2 宽带雷达目标检测方法

由于传统窄带雷达的距离分辨力较低，目标被视为一个理想的散射点，窄带雷达目标检测的一个基本假设是目标回波与发射信号相同，只是有时间的延迟。但在宽带雷达中，由于距离分辨力大大提高，目标不能被看作一个理想的散射点，而被视为扩展目标，由分布在多个距离单元的一系列散射点构成。因此，宽带雷达目标回波是多个延迟未知的反射信号的组合，其信号形式与发射信号有差异，仅对发射信号的匹配滤波并不等效于对回波信号的完全匹配滤波。如果沿用经典的窄带雷达目标检测方法，在宽带雷达中不能实现回波能量的完全积累，信噪比有所损失，不再是最优的检测方法。

从提高信噪比的角度出发，可以从两个方面改善宽带雷达目标检测性能：一是沿时间维积累，基于多个回波脉冲进行目标回波能量积累；二是沿空间维积累，考虑目标散射点的空间分布特性，基于多个距离单元进行目标回波能量积累。宽带雷达信号长时间积累技术已在上一节介绍，这里不再赘述。宽带雷达目标回波沿空间维的能量积累可以从匹配滤波的角度来理解，即使用二次匹配的方法对宽带雷达目标回波进行检测。第一次匹配滤波是对发射信号的匹配滤波，结果为一系列散射点回波的组合；第二次匹配滤波为对分散的散射点的匹配滤波,实现多个距离单元散射点回波能量的积累。但是,由于散射点的位置、相位等信息未知,实际中第二次滤波处理不能做到完全的匹配滤波。

目前,已有大量学者针对宽带雷达扩展目标检测问题开展了相关研究,研究的焦点是如何在上述第二次滤波处理中有效地把散落到不同距离单元上的信号能量积累起来。常见的空间积累检测方法主要有积分检测器、双门限检测器和空域散射密度广义似然比检测(SDD - GLRT)检测器等[2-7]。这里介绍一种基于能量积累的高分辨雷达双门限检测器[8,9]。

设经过匹配滤波后,目标总共占据 J 个距离单元,每个散射中心占据一个距离单元,噪声是加性复高斯白噪声,方差为 σ^2。令 $x=\{x_1,x_2,\cdots,x_J\}$ 表示经过匹配滤波器后各距离单元的值,$s=\{s_1,s_2,\cdots,s_J\}$ 表示经过匹配滤波器后目标在各距离单元上的值,$\boldsymbol{\eta}=\{n_1,n_2,\cdots,n_J\}$ 表示经过匹配滤波器后的噪声输出。则二元假设检验如下:

$$\mathrm{H}_0: x=\boldsymbol{\eta}$$

$$\mathrm{H}_1: x=s+\boldsymbol{\eta}$$

每个距离单元的值 x_j 在只包含噪声的情况(即 H_0 假设)下是方差为 σ^2 的复高斯白噪声,即

$$x_j \sim \mathcal{N}(0,\sigma^2)$$

则 x_j 的概率密度函数为

$$p_{x_j}(x_j;\ \mathrm{H}_0)=\frac{1}{\pi\sigma^2}\exp\left(-\frac{|x_j|^2}{\sigma^2}\right) \tag{5.32}$$

令 $y=\{y_1,y_2,\cdots,y_J\}$ 表示 x 经过平方律检波器后的输出,其中 $y_j=|x_j|^2$,可以得到 y_j 的概率密度函数为

$$p_{Y_j}(y_j;\mathrm{H}_0)=\begin{cases}\dfrac{1}{\sigma^2}\exp\left(-\dfrac{y_j}{\sigma^2}\right), & y_j>0\\ 0, & y_j<0\end{cases} \tag{5.33}$$

即 y_j 服从参数为 σ^2 的指数分布。由式(5.33)可得,在只存在噪声的情况下,y_j 的概率累积分布函数如下:

$$P_{Y_j}(y;\ \mathrm{H}_0)=P\left(Y_j<y;\ \mathrm{H}_0\right)=1-\exp\left(-\frac{y}{\sigma^2}\right) \tag{5.34}$$

第一门限 Th_1 用来提取目标散射中心的个数,y 中的元素超过第一门限 Th_1 的概率为第一虚警概率,记为 P_{fa1}。由

$$P_{\mathrm{fa1}} = \int_{\mathrm{Th}_1}^{\infty} p_{Y_j}(y_j;\mathrm{H}_0)\mathrm{d}y_j = \exp\left(-\frac{\mathrm{Th}_1}{\sigma^2}\right) \tag{5.35}$$

可得

$$\mathrm{Th}_1 = -\sigma^2 \ln(P_{\mathrm{fa1}}) \tag{5.36}$$

假设有 $\tilde{K}$ 个距离单元的值超过 Th_1，则目标的散射中心个数为 $\tilde{K}$，不妨设这些散射中心分布在第$\{i_1,i_2,\cdots,i_{\tilde{K}}\}$个距离单元上。提取出这些参数后，根据 Neyman - Pearson 准则，得出似然比为

$$\begin{aligned}\Lambda(x_{i_1},x_{i_2},\cdots,x_{i_{\tilde{K}}}) &= \frac{p(x \mid s_{i_1},s_{i_2},\cdots,s_{i_{\tilde{K}}};\mathrm{H}_1)}{p(x;H_0)} \\ &= \exp\left[\frac{1}{\sigma^2}\left(\sum_{m=1}^{\tilde{K}} |x_{i_m}|^2 - \sum_{m=1}^{\tilde{K}} |x_{i_m} - s_{i_m}|^2\right)\right]\end{aligned} \tag{5.37}$$

式中：$\{s_{i_1},s_{i_2},\cdots,s_{i_{\tilde{K}}}\}$表示在第$\{i_1,i_2,\cdots,i_{\tilde{K}}\}$个距离单元上的目标的回波值。将式(5.37)对 s_{i_m} 求导，使之等于0，可以求得$\{s_{i_1},s_{i_2},\cdots,s_{i_{\tilde{K}}}\}$的最大似然估计$s_{i_m}=x_{i_m}$，代入式(5.37)可得检验统计量为

$$\Lambda_{\tilde{K}} = \sum_{m=1}^{\tilde{K}} |x_{i_m}|^2 = \sum_{m=1}^{\tilde{K}} y_{i_m} = \sum_{m=J-\tilde{K}+1}^{J} y^{(m)} \tag{5.38}$$

式中：$y^{(m)}$ 表示$\{y_1,y_2,\cdots,y_J\}$中第 m 小的值。y 可以重写为$\{y^{(1)},y^{(2)},\cdots,y^{(J)}\}$，$y^{(m)}$ 又被称为顺序统计量。判决规则为，若 $\Lambda_{\tilde{K}}$ 大于第二门限 $\mathrm{Th}_{2\tilde{K}}$，则判为 H_1。

令 $P(\tilde{K};H_0)$表示在只存在噪声的情况下，J 个距离单元中有 $\tilde{K}$ 个距离单元的值超过 Th_1 的概率，$p_{\Lambda_{\tilde{K}}}(\Lambda_{\tilde{K}}/\tilde{K};\mathrm{H}_0)$表示只存在噪声情况下，在有 $\tilde{K}$ 个距离单元的值超过 Th_1 的条件下 $\Lambda_{\tilde{K}}$ 的概率密度函数，则用第二门限对检验统计量进行判定时的总虚警概率可以表示为

$$P_{\mathrm{fa}} = \sum_{\tilde{K}=1}^{J}\left[P(\tilde{K};\mathrm{H}_0)\int_{\mathrm{Th}_{2\tilde{K}}}^{\infty} p_{\Lambda_{\tilde{K}}}(\Lambda_{\tilde{K}}/\tilde{K};\mathrm{H}_0)\mathrm{d}\Lambda_{\tilde{K}}\right] \tag{5.39}$$

易得

$$P(\tilde{K};\mathrm{H}_0) = \begin{cases} P(y^{(J)} < \mathrm{Th}_1;\mathrm{H}_0), & \tilde{K}=0 \\ P(y^{J-\tilde{K})} < \mathrm{Th}_1, y^{(J-\tilde{K}+1)} > \mathrm{Th}_1;\mathrm{H}_0), & 1 \leqslant \tilde{K} \leqslant J-1 \\ P(y^{(1)} > \mathrm{Th}_1;\mathrm{H}_0), & \tilde{K}=J \end{cases} \tag{5.40}$$

为了保证恒虚警,第二门限 $Th_{2\tilde{K}}$ 的选择应与 $\tilde{K}$ 有关。$Th_{2\tilde{K}}$ 的计算过程依赖下面两个关于顺序统计量的数学引理。

引理 1　独立同分布随机变量 $y_1,y_2,\cdots,y_J$ 按升序排列后得到序列 $y^{(1)}$,$y^{(2)},\cdots,y^{(J)}$。若对于 $1\leqslant j\leqslant J$,y_j 的概率密度函数为 $p(y)$,概率累积分布函数为 $P_Y(y)$,则顺序统计量 $y^{(j)}$ 的概率密度函数为

$$p_{Y(j)}(y)=\frac{J!}{(J-j)!\ (J-j)!}p(y)[P_{Y(y)}]^{j-1}[1-P_{Y(y)}]^{J-j} \tag{5.41}$$

引理 2　升序排列的顺序统计量序列 $y^{(1)}<y^{(2)}<\cdots<y^{(J)}$ 中 $y^{(i)}$ 和 $y^{(j)}$ 变量的联合概率密度函数为

$$p_{Y(i),Y(j)}(y_i,y_j)=\frac{J!}{(i-1)!\ (j-1-i)!\ (J-j)!}\cdot$$
$$p(y_i)p(y_j)[P_Y(y_i)]^{i-1}[P_Y(y_j)-P_Y(y_i)]^{j-1-i}[1-P_Y(y_j)]^{J-j} \tag{5.42}$$

基于上述两个引理,经过数学推导可求得第二门限 $Th_{2\tilde{K}}$ 如下式所示:

$$Th_{2\tilde{K}}=G^{-1}\left(1-\frac{P_{fa}}{1-\left(1-\exp\left(-\frac{Th_1}{\sigma^2}\right)\right)^J};\tilde{K},\sigma^2\right)+\tilde{K}\cdot Th_1 \tag{5.43}$$

式中:$G(\Lambda,\tilde{K},\sigma^2)$ 为伽马分布的概率累积分布函数。

按照上述方法设置双门限检测器的检测门限,得到的总虚警率仿真结果如表 5.2 所列。仿真中取距离窗长度为 60,噪声功率为 4×10^{-12},总虚警率 $P_{fa}=10^{-4}$,蒙特卡罗仿真次数为 10^6 次。从表 5.2 中可见,计算的门限是正确的,可以保证恒虚警。

表 5.2　宽带雷达双门限检测器门限设置公式仿真验证

第一虚警率	0.1	0.3	0.5	0.7	0.9	1
第二虚警率	0.1	0.3	0.5	0.7	0.9	1
总虚警率/10^{-4}	1.002	0.994	1.01	1.002	0.998	1.012

为了比较双门限检测器与积分检测器、M/N 检测器和 SDD - GLRT 检测器对扩展目标的检测性能,仿真了四种散射点模型下的各检测器的检测性能,结果如图 5.10 所示。仿真中设置检测器的虚警率为 10^{-4},蒙特卡罗仿真次数为 10^6,噪声为复高斯白噪声,窗口长度为 256 个距离单元。四种散射点模型的目标散射中心仿真参数设置情况如表 5.3 所列。

表 5.3　四种散射点模型的目标散射中心仿真参数设置情况

模型	类别	参数设置
Model1	稀疏均匀	5 个散射中心,强度均为 0.25
Model2	稀疏非均匀	5 个散射中心,1 个强度为 0.7,1 个强度为 0.2,3 个强度为 0.1/3
Model3	密集均匀	128 个散射中心,强度均为 0.0078
Model4	密集非均匀	128 个散射中心,2 个强度为 0.2,126 个强度为 0.0048

在仿真结果图中,横轴为信噪比,定义 $\mathrm{SNR} = \sum_{m=1}^{J} a_M^2/\sigma^2$, 即所有散射中心的能量之和与一个距离单元上的噪声功率的比值。从图 5.10 中可以看出,M/N 检测器的检测性能一般,鲁棒性较差,第二门限如果选择不合适,检测性能将严重下降;积分检测器的鲁棒性较好,但检测性能一般, 适合散射点密集分布的情况,当散射点稀疏分布时,积累损失严重;SDD－GLRT 的检测性能较好,比较适合散射点均匀分布的情况;双门限检测器(双门限广义似然比检测(GLRT－DT))的综合检测性能最好,特别适合于散射点稀疏分布的情况。

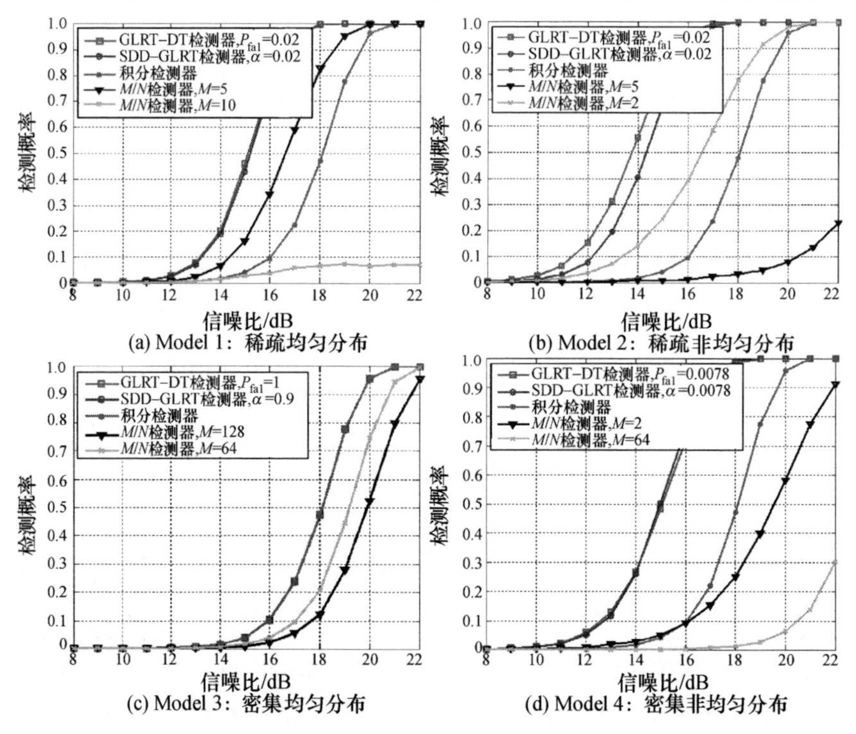

(a) Model 1：稀疏均匀分布　(b) Model 2：稀疏非均匀分布

(c) Model 3：密集均匀分布　(d) Model 4：密集非均匀分布

图 5.10　四种散射点模型下的检测器性能比较(见彩图)

在实际应用中,为了保证能够完全覆盖目标的长度以及减小滑窗检测的次数,检测窗口长度的选取一般较大,使得散射中心呈现稀疏分布。在这种情况下，从检测性能的角度看，双门限检测器和 SDD - GLRT 检测器是较为适用的检测器。但由于 SDD - GLRT 检测器没有解析表达的门限选取公式，所以给应用带来了不便；双门限检测器给出了设置门限的解析公式，实际应用方便，检测性能与鲁棒性较好，是较为理想的宽带雷达扩展目标检测器。

5.2.3　宽带检测跟踪一体化

经典的雷达信号检测跟踪理论是基于点目标假设的，适用于窄带雷达或发射窄频带信号的工作模式。因此，宽带成像雷达大多采用窄带 - 宽带交替的工作方式：利用窄带通道检测和跟踪目标，根据窄带通道获取的目标位置，引导宽带通道对特定目标高分辨成像。这种窄带 - 宽带交替的工作方式的主要问题是每个通道的时间利用率都下降一半，使每个通道的数据率下降一半。

为了解决上述问题，宽带检测跟踪一体化技术将目标检测跟踪也放在宽带通道完成，利用同一套信号波形实现检测、跟踪、成像、识别的全流程，避免宽窄交替，提高雷达时间资源利用率。

5.2.3.1　宽带雷达目标跟踪信号带宽设计

宽带雷达目标跟踪可以分为航迹起始和航迹维持两个阶段。在航迹起始阶段，雷达的主要任务是截获目标，根据引导信息，雷达波束在一定空域范围内搜索，当检测到目标时，雷达立即重发信号对目标进行确认。在航迹维持阶段，雷达通过定期观测目标不断修正对目标状态的估计和预测，维持对目标的闭环跟踪。雷达在不同阶段的任务需求不同，需要针对各阶段任务和场景的特点设计相应的信号波形，进而给出跟踪全过程的波形设计和波形切换准则。其中，跟踪波门内虚警数量是影响信号波形设计的一个关键因素。

在目标截获阶段，截获窗的长度由引导信息的装订精度决定，如图 5.11 所示。在装订精度一定的条件下，窗内的检测单元数量随带宽的增大而增多。从减少虚警的角度看，目标截获阶段应当采用窄频带的信号波形。

在闭环跟踪阶段，测距精度随带宽增加而提高。如果增大雷达信号带宽，可以提高目标的距离测量精度，在跟踪稳定后，距离跟踪波门会相应减小，因此可以近似认为距离跟踪波门内的检测单元数量基本不随带宽变化，如图 5.12所示。

综合分析目标截获和闭环跟踪过程中信号带宽与波门内虚警数量的关系，考虑虚警个数的影响，应采用窄带截获、宽带跟踪的策略。在目标截获阶段采用窄带多脉冲波形，具有虚警数量少的优点，等效于提高信噪比，提高雷达威力；在闭环跟踪阶段使用宽带信号波形，能够同时实现跟踪和成像，避免

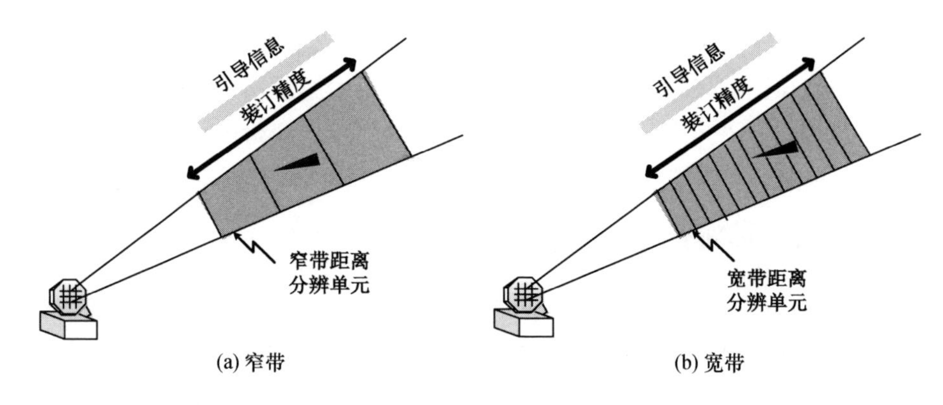

(a) 窄带　　(b) 宽带

图 5.11　截获阶段波门示意图

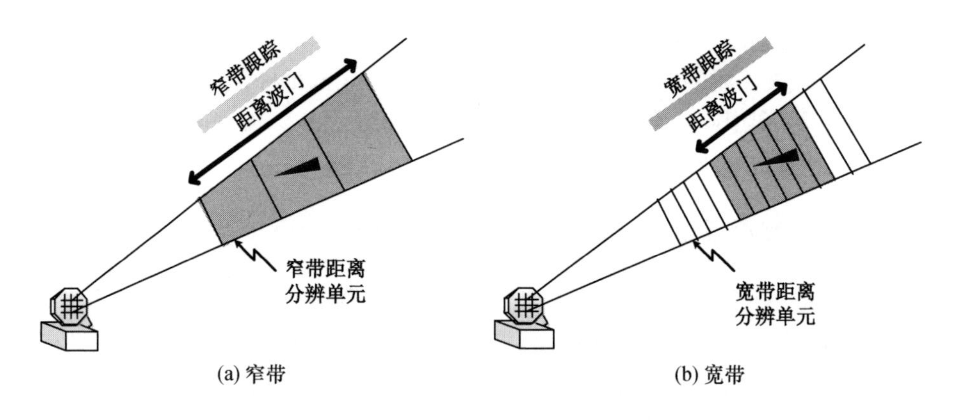

(a) 窄带　　(b) 宽带

图 5.12　跟踪阶段波门示意图

采用宽窄交替模式,可以节省时间资源,提高雷达数据率。

在目标截获阶段使用窄带信号波形,而在闭环跟踪阶段使用宽带信号波形,该策略的一个关键问题是如何从窄带过渡至宽带。由于截获目标时雷达工作在窄带模式,距离量测精度不高,因此跟踪距离波门较大。此时,如果直接切换至宽带波形,波门内距离单元数量增多,容易出现大量虚警导致航迹滤波精度下降甚至丢失。

因此,宽带检测跟踪一体化技术采用一种带宽渐进的波形设计策略来保证雷达信号从窄带平稳地切换至宽带。首先,雷达工作在窄带模式搜索并截获目标直至航迹起始成功。起始航迹后,航迹的误差较大,跟踪距离波门仍较大。此时,基于航迹跟踪精度渐进地提高雷达信号带宽,一方面能够保证波门内的虚警数量不会明显增加,避免航迹丢失;另一方面可以迅速地提高跟踪精度,使跟踪波门快速减小。在经过一段时间的中带过渡波形跟踪且航迹精度达到宽带要求后,再切换至宽带跟踪。

5.2.3.2 宽带雷达目标关联与滤波算法

雷达目标跟踪技术主要包含数据关联和航迹滤波两个方面。与窄带雷达相比,宽带距离高分辨雷达能够获得更高的观测精度和更加丰富的目标信息,有可能获得更高的跟踪性能。但是,由于宽带条件下目标回波能量分散到多个距离单元,单个散射点的信噪比较低,从而给数据关联造成困难;另一方面,宽带雷达距离分辨力大大提高,但方位向分辨力与之相比存在数量级的差距,导致目标位置量测的非线性,给航迹滤波造成困难。针对这些问题,宽带雷达目标跟踪技术需要通过改进经典的数据关联和航迹滤波算法加以解决。

1）特征辅助关联

数据关联是多目标跟踪问题的核心和难点,其目标是要将众多的观测值与目标航迹正确配对,从而保证自适应滤波的正确性。在大多数常规的多目标跟踪系统中,数据关联针对点目标开展,主要采用点目标的运动状态矢量进行关联,使用目标的运动学测量信息完成测量回波与目标航迹的关联[10-15]。在宽带高分辨雷达多扩展目标跟踪环境下,目标密集程度高且运动复杂,由于雷达分辨力提高,检测得到的虚警随之增多,仅使用目标运动状态矢量进行数据关联时目标关联概率较低,易造成航迹丢失、虚假航迹等问题。

与窄带雷达相比,宽带距离高分辨雷达能够获得更高的观测精度和更加丰富的目标特征信息,利用这些特征信息抑制虚警的干扰来辅助数据关联,可获得更好的跟踪性能。然而,目标特征状态的不确定和特征观测的不稳定性给特征信息的使用带来了很大困难。

这里介绍一种针对空间扩展目标多帧 - 多元信息的 EM 迭代框架,该方法综合使用多帧观测中目标的多元信息辅助关联,获取更高的跟踪精度。

基于上述思路,建立宽带雷达扩展目标的多元信息模型如图 5.13 所示。从图中的目标模型可以看到,目标状态集合 $X=\{X^k, X^A\}$ 和观测 $Z=\{Z^k, Z^A\}$ 可以使用隐马尔科夫模型描述,即状态 $X(t)=\{X^k(t), X^A(t)\}$ 由上一时刻的状态值 $X(t-1)$ 决定。观测集合元素 $z_r(t)=\{z_r^k(t), z_r^A(t)\}$ 由隶属关系变量 $k_r(t)$ 和状态集合 $X(t)$ 共同决定,使用状态集合中相应的变量可以计算联合概率分布:

$$p(x_m^k(t), x_m^A(t) \mid x_m^A(t-1), x_m^A(t-1)) = p(x_m^k(t) \mid x_m^k(t-1)) P(x_m^A(t) \mid x_m^A(t-1)) \tag{5.44}$$

$$p(x_r^k(t), z_r^A(t) \mid x_{k_r}^k(t), x_{k_r}^A(t)) = p(z_r^k(t) \mid x_{k_r(t)}^k(t)) P(z_r^A(t) \mid x_{k_r(t)}^A(t)) \tag{5.45}$$

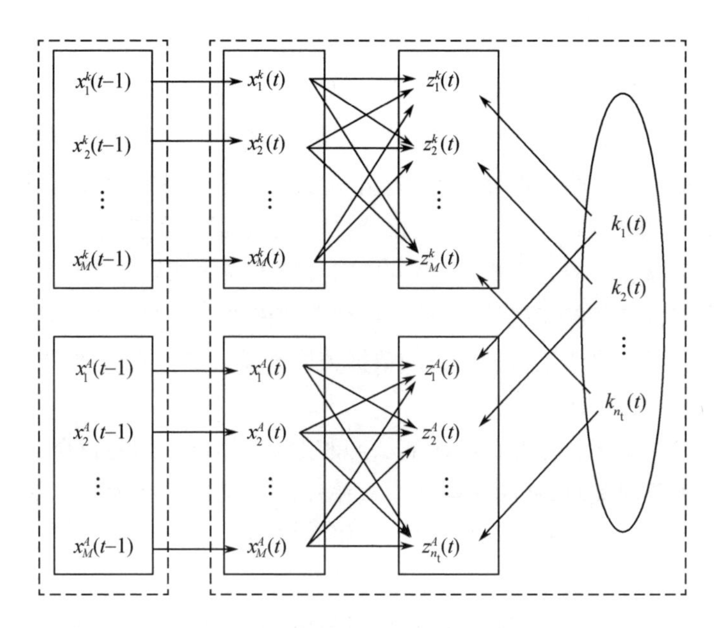

图 5.13　宽带雷达多元信息模型

在上述模型的基础上,使用 EM 迭代的方法可以获取目标状态集合 $X=\{X^k,X^A\}$ 的 MAP 估计。在第 i 次迭代中,通过优化函数

$$Q(X^{(i)};X^{(i-1)})=\sum_K \log[p(X^{(i)},K,Z)]p(K\mid X^{(i-1)},Z) \tag{5.46}$$

获取对目标运动状态的极大后验估计。其中,$Z=\{Z^k,Z^A\}$ 表示目标的观测集合,K 为观测隶属关系集合。考虑到变量之间的独立性关系,$p(X^{(i)},K,Z)$ 可写作:

$$\begin{aligned}
p(Z,X,K) &= p(\{Z^k,Z^A\},\{X^k,X^A\},K)\\
&= \prod_{m=1}^{M} p(x_m^k(1),x_m^A(1))\prod_{t=2}^{T}\prod_{m=1}^{M} p(x_m^k(t),x_m^A(t)\mid x_m^k(t-1),x_m^A(t-1))\times\\
&\quad \prod_{t=1}^{T}\prod_{r=1}^{n_t}\pi_{k_r(t)}(t)(z_r^k(t),z_r^A(t)\mid x_{k_r(t)}^k(t),x_{k_r(t)}^A(t))\\
&= \prod_{m=1}^{M} p(x_m^k(1))P(x_m^A(1))\prod_{t=2}^{T}\prod_{m=1}^{M} p(x_m^k(1)\mid x_m^A(t-1))P(x_m^A(t)\mid x_m^A(t-1))\times\\
&\quad \prod_{t=1}^{T}\prod_{r=1}^{n_t}\pi_{k_r(t)}(t)p(z_r^k(t)\mid x_{k_r(t)}^k(t))P(z_r^A(t)\mid x_{k_r(t)}^A(t))
\end{aligned} \tag{5.47}$$

根据贝叶斯定理,有

$$p(K\mid Z,X)=\frac{p(K,Z,X)}{p(Z,X)}$$

$$= \prod_{t=1}^{T}\prod_{r=1}^{n_t}\frac{\pi_{k_r(t)}(t)p(z_r^k(t)\mid x_{k_r(t)}^{k(i-1)}(t))b^{k_r(t)}_{x_u^{A(i)}(t),z_r^A(t)}}{\pi_0(t)\mu(z_r^k(t);t)b^0_{z_r^A(t)}+\sum_{u=1}^{M}\pi_u(t)p(z_r^k(t)\mid x_u^{k(i-1)}(t))+b^u_{x_u^{A(i)}(t),A_r^A(t)}}$$

$$= \prod_{t=1}^{T}\prod_{r=1}^{n_t}w^{(i)}_{k_r(t),r}(t) \tag{5.48}$$

将式(5.48)和式(5.47)代入式(5.46),可以将 Q 函数改写为

$$\begin{aligned}
Q(X^{(i)};X^{(i-1)}) &= \sum_K \log(p(X^{(i)},K,Z)\prod_{t=1}^{T}\prod_{r=1}^{n_t}w^{(i)}_{k_r(t),r}(t)\\
&\left.\begin{aligned}&= \log\left(\prod_{m=1}^{M}p(x_m^{k(i)}(1))\prod_{t=2}^{T}\prod_{m=1}^{M}p(x_m^{k(i)}(t)\mid x_m^{k(i)}(t-1))\right)-\\
&\sum_{m=1}^{M}\sum_{t=1}^{T}\sum_{r=1}^{n_t}\frac{1}{2}[z_r^k(t)-H_m x_m^{k(i)}(t)]^T R_r^{-1}(t)[z_r^k(t)-\\
&H_m x_m^{k(i)}(t)]w^{(i)}_{m,r}(t)\end{aligned}\right\}Q^{(i,i-1)}_{X^k}+\\
&\left.\begin{aligned}&\log\left\{\prod_{m=1}^{M}P(x_m^{A(i)}(1))\prod_{t=2}^{T}\prod_{m=1}^{M}a^m_{x_m^{A(i)}(t-1),x_m^{A(i)}(t)}\right\}+\\
&\sum_{t=1}^{T}\sum_{m=1}^{M}\sum_{r=1}^{n_t}\log[b^m_{x_m^{A(i+1)}(t),z_r^k(t)}]w^{(i)}_{m,r}(t)\end{aligned}\right\}Q^{(i,i-1)}_{X^k}
\end{aligned} \tag{5.49}$$

上式中,$Q^{(i,i-1)}_{X^k}$、$Q^{(i,i-1)}_{X^A}$分别只与目标的运动状态和离散特征状态有关。因此,宽带雷达多帧-多元信息 EM 迭代框架分别对目标运动状态和离散特征状态进行优化,从而实现对两者的联合估计,其完整实现过程如下:

步骤1:初始化处理时间段内的多目标运动状态 $X^{k(0)}$ 和离散特征状态 $X^{A(0)}$,开始迭代。

步骤2:利用 $i-1$ 次迭代的状态值计算第 i 次迭代观测关联于不同目标的后验概率作为其关联权重:

$$w^{(i)}_{k_r(t),r}(t) = \frac{\pi_{k_r(t)}(t)p(z_r^k(t)\mid x_{k_r(t)}^{k(i-1)}(t))b^{k_r(t)}_{x_u^{A(i-1)}(t),z_r^A(t)}}{\pi_0(t)\mu(z_r^k(t);t)b^0_{z_r^A(t)}+\sum_{u=1}^{M}\pi_u(t)p(z_r^k(t)\mid x_u^{k(i-1)}(t))b^u_{x_u^{A(i-1)}(t),z_r^A(t)}} \tag{5.50}$$

式中:$\pi_m(t)$表示观测来源于目标 m 的先验概率;$\pi_0(t)$表示观测为虚警的先验概率。

步骤3:使用后验概率对观测和观测协方差矩阵进行加权,计算合成观测和合成观测协方差矩阵:

$$\tilde{z}_m^{k(i)}(t) = \left(\sum_{r=1}^{n_t} w_{m,r}^{(i)}(t) R_r^{-1}(t) \right)^{-1} \sum_{r=1}^{n_t} w_{m,r}^{(i)}(t) R_r^{-1}(t) z_r^{k}(t) \quad (5.51)$$

$$\tilde{\boldsymbol{R}}_m^{(i)}(t) = \left(\sum_{r=1}^{n_t} w_{m,r}^{(i)}(t) R_r^{-1}(t) \right)^{-1} \quad (5.52)$$

步骤4:使用合成观测对多目标的航迹进行 Kalman 平滑,从而估计处理时间段内的目标运动状态。

步骤5:估计批处理时间段内的目标离散特征状态 $X^A = \{X^A(t):1 \leqslant t \leqslant T\}$。

步骤6:判断是否达到迭代次数要求。如不满足则迭代次数加1,回到步骤2。

步骤7:滑动批处理时间窗,两个相邻的批处理时间窗需要有一定交叠。回到步骤1。

上述方法就是基于扩展目标多帧-多元信息联合 EM 迭代框架的特征辅助关联方法。与传统数据关联方法相比,该方法同时考虑到宽频带雷达目标特征信息状态的不确定性和特征观测的不稳定性,能够解决实际中存在目标特征模型切换情况下的使用扩展目标多帧-多元信息解决目标关联、滤波的问题,从而获取更好的跟踪性能。

2) 混合非线性滤波

为了解决距离分辨力提高带来的量测高度非线性问题,提高宽带雷达扩展目标的航迹滤波精度,需要采用非线性滤波方法。目前,非线性滤波方法已有许多,包括扩展卡尔曼滤波、不敏卡尔曼滤波等。这里介绍一种基于反向滤波技术的混合非线性滤波器,在原有正向滤波的基础上,增加了反向滤波过程,通过正、反向两次滤波,可以平滑目标状态的估计,从而降低非线性、模型参数不确定等因素的影响,提高滤波精度,得到更高精度的目标状态估计,同时提高滤波器的收敛速度。

为了对目标状态进行更精确的估计,采用如图5.14所示的正、反向滤波模式。其中,每次正向滤波的长度为 W,每次反向滤波的时间长度为 N。

该方法是在完成时间长度为 W 的正向滤波后,进行时间长度为 N 的反向滤波过程,并且同时继续进行正向滤波,直到再次完成长度 W 的正向滤波,再进行时间长度为 N 的反向滤波。当 $N > W$ 时,相邻的反向滤波会有交叠,在此交叠区间内使用上次反向滤波的结果作为该次反向滤波的初始值。反之,相邻的反向滤波过程在滤波时间段上没有交叠,即在反向滤波时刻使用该时刻的正向滤波结果作为该次反向滤波的初始值。

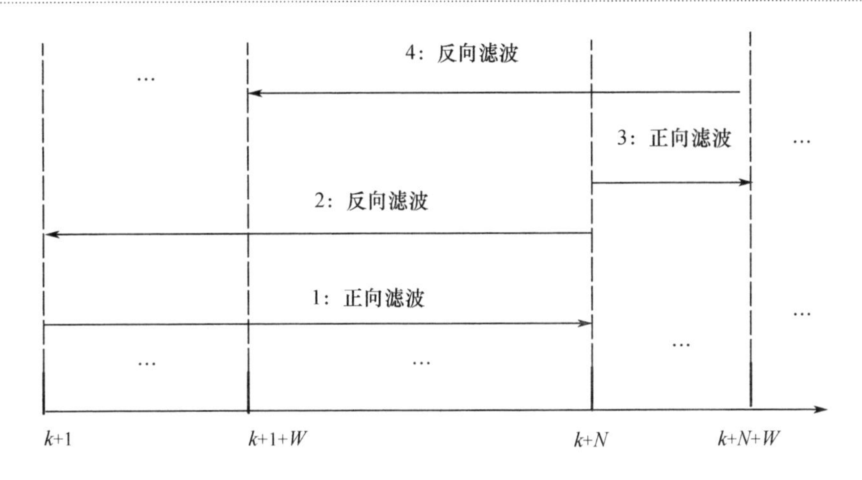

图 5.14　滑动固定区间窗的混合非线性滤波器设计

3）目标群跟踪方法

在许多实际应用场景中，目标不是单独存在，而是存在多个目标一起组成目标群。目标群的物理飞行过程是一个复杂的非线性过程，针对目标群跟踪过程中的运动非线性问题，不仅可以使用单目标跟踪的非线性滤波方法，还可以利用目标群的特点进一步改善对目标群的跟踪性能。这里介绍一种目标群强辅助弱跟踪方法，使用强目标的运动信息辅助弱目标跟踪。

结合目标群运动轨迹分析不同目标的 RCS 变化情况，可以发现目标群中各目标 RCS 大小不同，使得目标有强有弱。其中强目标容易跟踪，弱目标不易跟踪。此外，由于目标运动非线性、运动模型复杂，对目标的建模存在一定的模型误差，使得弱目标跟踪更为困难。

以强目标跟踪得到的航迹为参考，可以将弱目标的运动分解成两个分量，一个分量是参考分量，另一个分量是弱目标真实运动与参考分量的差。基于目标运动分解，可以将一个高度非线性的运动状态方程模型转化为近似线性的运动状态方程模型，减小目标运动建模的误差，降低航迹滤波的难度，提高跟踪性能。采用这种目标群强辅助弱跟踪方法，使用强目标的信息辅助弱目标跟踪，可以实现强目标和弱目标之间的信息交互，从而更好地跟踪弱目标。

5.2.3.3　宽带检测跟踪信息交互滤波

在经典的雷达目标检测跟踪处理流程中，目标检测与跟踪是作为两个独立的步骤分别进行的，二者之间没有信息交互。在检测算法方面，检测器的设计是基于尼曼－皮尔逊准则的，即在保持虚警率恒定的条件下尽可能提高检测概率。在跟踪算法方面，数据关联算法也假设不同距离单元的虚警率是固定不变的。

但是,在目标检测跟踪的各个阶段,虚警造成的影响是不同的。例如,在截获和航迹建立初期阶段,检测窗口大,距离单元数多,目标位置装定信息不精确,此时虚警的影响较大,容易造成雷达资源的浪费甚至丢失目标,因此需要保持超低的虚警率;而在目标跟踪稳定后,检测窗口可以较小,距离单元数少,目标位置信息也较为精确,此时虚警的影响较小,可以容忍相对较高的虚警率。因此,经典的雷达目标检测跟踪处理采用固定虚警率,把目标检测与跟踪作为两个分立的处理步骤,从最终的跟踪性能来看不是最优的,还有进一步提高的空间。

宽带检测跟踪一体化技术采用贝叶斯检测准则代替尼曼 - 皮尔逊准则,通过目标检测与跟踪之间的信息交互,将目标检测跟踪作为一个整体进行优化,使检测跟踪的整体性能达到最优。尽管贝叶斯检测器在统计意义下是最优的,但是由于虚警和漏检的贝叶斯代价函数难以确定,贝叶斯检测准则在实际工程中未得到广泛应用。

基于贝叶斯检测导出的贝叶斯检测器在形式上与尼曼 - 皮尔逊检测器基本相同,主要差异在于检测门限的选取,贝叶斯检测器的检测门限是根据虚警和漏检的贝叶斯代价计算得到的,不是直接由虚警率决定。因此,确定贝叶斯代价实际等效于确定检测门限,贝叶斯检测器的实质是通过优化某种目标函数自适应地动态确定检测判决的最优门限。宽带检测跟踪一体化技术通过预测目标跟踪性能并将其性能指标的期望作为优化目标函数,回避直接确定贝叶斯代价的难题,以实现目标检测跟踪性能的整体优化。

5.3 高精度测距与微动测量

5.3.1 相位导出测距

5.3.1.1 相位导出测距简介

利用目标的相位信息进行测距测速,具有很高的精度。美国于 20 世纪 70 年代提出了基于相位测距的窄带游标测距技术。随后,在窄带游标测距概念的基础上进行改进,提出了 PDR 技术。美国弹道导弹防御系统自 20 世纪 70 年代末期到 80 年代初期开始采用这种 PDR 技术获取目标的弹道参数,并且用于目标的微动测量,为目标识别提供技术支持。美国弹道导弹防御系统中宽带雷达技术发展演变的历史如图 5.15 所示[16],从图上可以看出雷达相位测距技术的重要性。

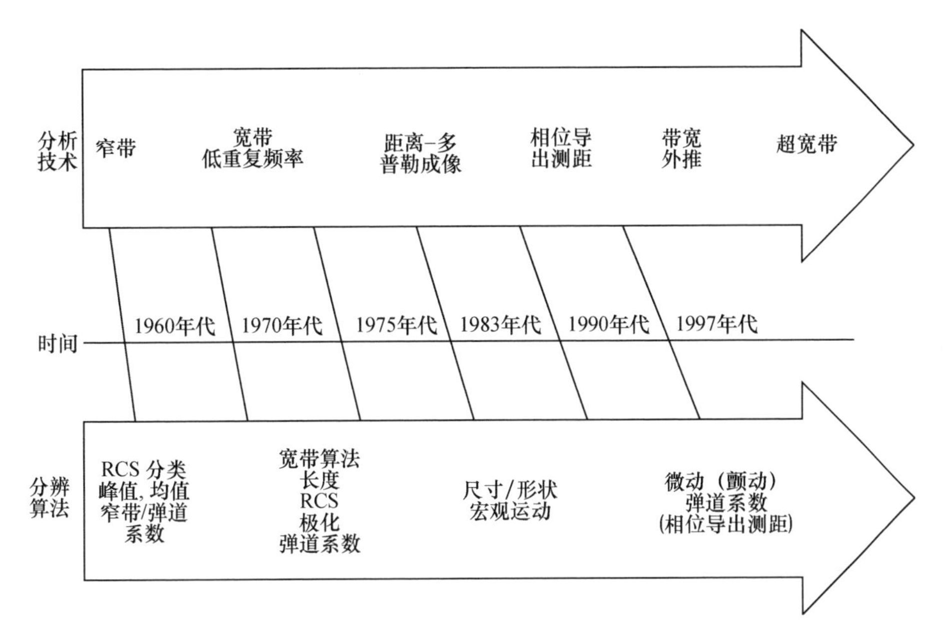

图5.15　林肯实验室宽带雷达数据分析技术和算法的演化

相位导出测距要求发射信号是宽带信号。这是由于相比于窄带信号,宽带信号具有高的距离分辨力,能够将散射点分开,并且包络测距精度较高,可以用于解相位模糊。倘若使用窄带信号,其回波相位是目标本身多个散射点的合成相位,在帧间或者脉冲间并不稳定,因此从理论上就无法利用该相位信息进行测量。

相位导出测距能高精度测量目标相对距离变化或者速度变化,而速度变化体现了目标微动特征。同时,由于利用了帧间或者脉冲间的相位信息,因此相位导出测距要求雷达系统是宽带相参的。

5.3.1.2　相位导出测距基本原理

对连续波单频雷达,设载频为 f_0,其发射信号为 $\sin(2\pi f_0 t)$,信号发射后到距离为 R 的目标再返回雷达传播时间为 T_R,则回波信号为 $\sin[2\pi f_0(t-T_R)]$。在接收机中对发射及回波信号比相,如目标距离小于半波长,其相位差为 $\Delta(0<\Delta<2\pi)$,则目标距离

$$R=\frac{c\alpha}{4\pi f_0}=\frac{\lambda\Delta}{4\pi} \tag{5.53}$$

从式(5.53)可知,在波长 λ 一定时,相位差与距离成正比。但是目标距

离远大于 $\lambda/2$,则回波总的相位可写成

$$\phi = 2\pi k + \Delta \tag{5.54}$$

相应目标距离为

$$R = \frac{\lambda}{4\pi}(2\pi k + \Delta) \tag{5.55}$$

式中:k 为整数,是相位变化周期的数目。

在脉冲雷达中,可以用 ϕ 代表在相参处理周期 T_c 间回波相位的变化,也正比于在 T_c 内目标运动的距离,在 T_c 一定时也比例于目标的速度。上式中必须解决 k 的测量问题才能解相位的模糊,才能解测距、测速的问题。

在脉冲雷达中,提高信号带宽和信号噪声比,可以提高回波包络测距的精度。在式(5.54)中,要准确决定 k 值,其中 ϕ 测量的最大误差必须小于 $\pm\pi$ 弧度。其均方根误差约为 $\pm\pi/3 \approx \pm 1\text{rad}$。

根据雷达原理,利用雷达回波包络延时测距,雷达测时误差与信号带宽和信噪比开方成反比,其理论测时均方根误差[17]为

$$\delta_{T_R} = \frac{t_r}{\sqrt{2\text{SNR}}} \tag{5.56}$$

式中:t_r 为匹配滤波输出回波上升时间,$t_r = 1/B$,其中 B 为信号带宽;SNR 为信号噪声比。

其相应的相位差误差

$$\delta_{\varphi R} = 2\pi f_0 \cdot \delta_{T_R} = \frac{2\pi f_0}{B\sqrt{2\text{SNR}}} \tag{5.57}$$

根据雷达测相位的误差公式

$$\delta_{\varphi} = \frac{1}{\sqrt{\text{SNR}}} \tag{5.58}$$

在满足相位导出测距的条件即回波信号噪声比能满足包络测延时相应的相位均方根误差小于 1rad 要求,则

$$\frac{\delta_{\varphi}}{\delta_{\varphi R}} = \frac{B\sqrt{2}}{2\pi f_0} = k_B\frac{\sqrt{2}}{2\pi} = 0.23k_B \tag{5.59}$$

式中:$k_B = B/f_0$,即相对带宽。

5.3.2 宽带微动测量

相位导出测距的特点是随机误差小,系统偏差大。即能精确测出目标的相对距离变化。正是由于这个特点,使得相位导出测距适合于微动提取,精确

得到目标相对运动特性。

雷声(Raytheon)公司 2005 年申请的专利中简单介绍了 PDR 技术的应用[18],由宽带包络距离估计(WBER)解模糊,获得相继脉冲之间相位增量的整周数,然后与测量的模糊相位一起,获得准确的相位增量,并转化为距离增量。从距离增量中剔除弹道信息,可以获得精度极高的目标微动距离增量。对其做频谱分析和幅度估计,重构出目标的微动。

相位导出测距在雷达中与有关部分联结的原理框图如图 5.16 所示。

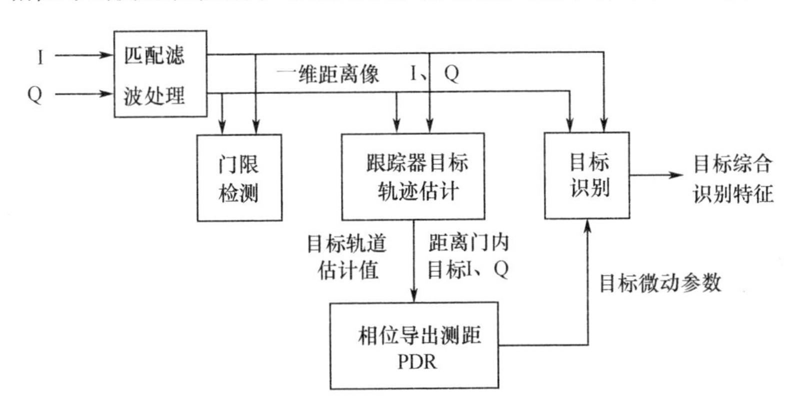

图 5.16　跟踪、识别雷达信号处理原理框图

雷达接收机经匹配滤波后,得回波一维距离像正交输出信号 I、Q,其一路到门限检测,根据允许的虚警概率和噪声大小设置门限,超过门限的即为检到信号。在信号的前后一段时间设置距离门,在时间上包含了回波信号。在跟踪器目标轨迹估计中输入回波 I、Q 信号和距离门,使距离门距离上(即时间上)对回波跟踪,得到目标轨迹估计值。将距离门内目标回波 I、Q 和目标轨道估计值进入到相位导出测距,即可得到目标的微动特征参数。在目标识别中,根据目标的微动参数,即可得到目标综合识别特征。

相位导出测距微运动参数测量原理框图如图 5.17 所示。

目标轨迹的估计值和在距离门内回波 I、Q 信号到回波距离估计器中,根据选中的距离门内一维距离像的峰值点(通常是最大值点),精确地测定最大峰值点的距离。为了计算方便,目标距离可以用发射信号中心频率对应的波长做单位,半波长相应相位为 2π,故用相位表示目标最大点距离为 $2\pi k+\Delta+\epsilon$,其中 k 为整数,ϵ 为包络测距由于噪声等原因产生的误差,Δ 为在模糊相位测量中测得的在一维距离像中最大点 I、Q 所决定的相位,其值为 $0\leqslant\Delta\leqslant2\pi$。由于相位测距精度远高于包络测距,故可认为 Δ 是真值,在解距离模糊中即可得到接近真值的 $2\pi k+\Delta$ 作为距离的精确估计值。

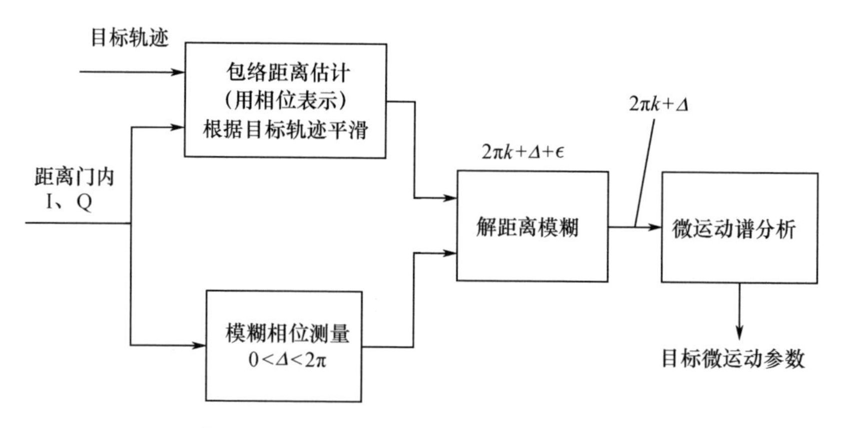

图 5.17　相位导出测距微运动参数测量原理框图

5.3.3　高精度测距与微动测量实验验证

基于合成宽带 PD 雷达信号，我们自研了一套 S 波段实验雷达，展开了大量的微波暗室及外场实测数据实验，验证宽带 PD 雷达的高精度测距测速性能和微动测量能力，本节将给出部分宽带 PD 雷达实验验证结果。实验参数如表 5.4 所列。

表 5.4　高精度测距与微动测量实验信号参数

带宽	B	320MHz
中心频率	f_c	3.3GHz
频率步进阶梯	Δf	5MHz
脉冲宽度	τ	0.1μs
脉冲重复周期	T_r	1.6μs
频率步进脉冲数	N	64
采样率	f_s	20MHz

5.3.3.1　音叉振动实验

在微波暗室中，分别用频率步进雷达和传声器音频处理方法测定两个标称值为 64Hz 和 512Hz 的音叉振动频率。采用传声器录入的音频处理方法测量其真值，可得标称 64Hz 音叉频率为 63Hz，标称 512Hz 音叉频率为 536Hz。

利用频率步进雷达进行背景杂波对消后，能看到明显的音叉一维高分辨距离像，对消前后如图 5.18 和图 5.19 所示。

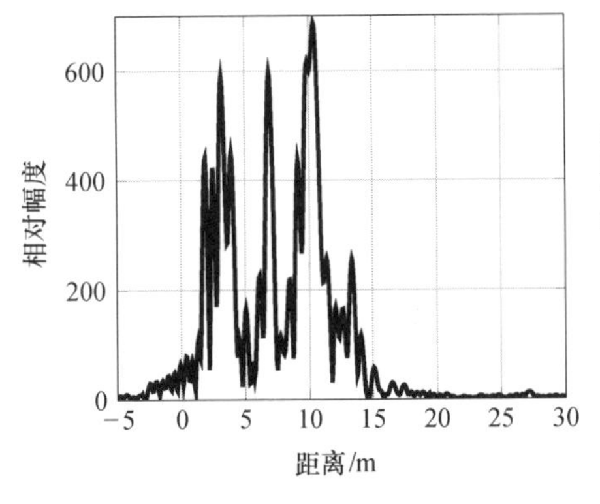

图 5.18　背景对消前音叉一维高分辨距离像

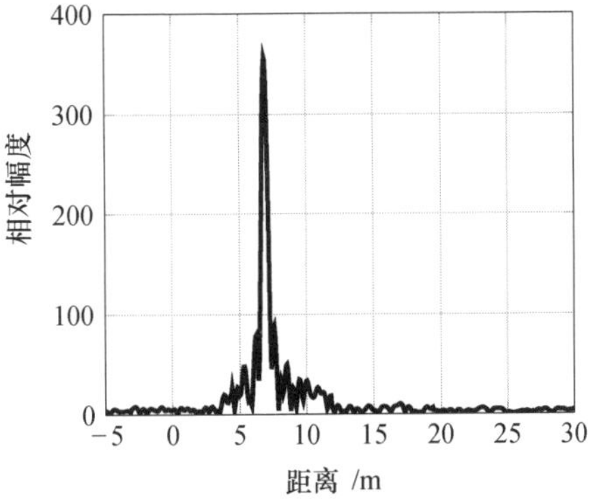

图 5.19　背景对消后音叉一维高分辨距离像

实验测量音叉频率与传声器测量频率值基本一致。图 5.20 和图 5.21 给出了 64Hz 音叉的精确测距结果与回波频谱分析结果。由音叉测距结果可知，音叉振动幅度约为 0.1 ~ 0.2mm。音叉实验验证了宽带雷达测量极微小运动的能力，展示了实验雷达极高的相位稳定度。

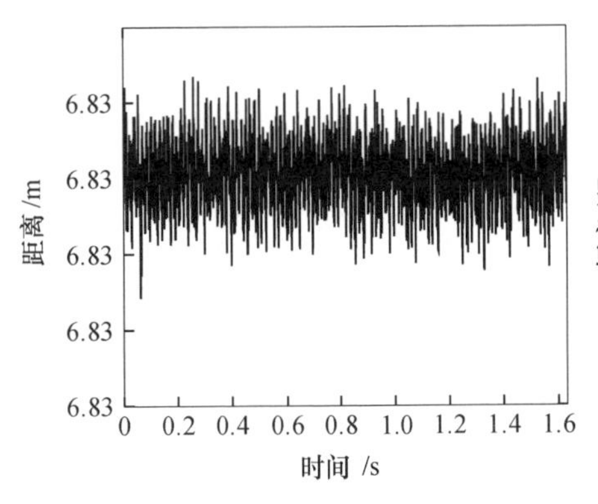

图 5.20　64Hz 音叉精确测距结果

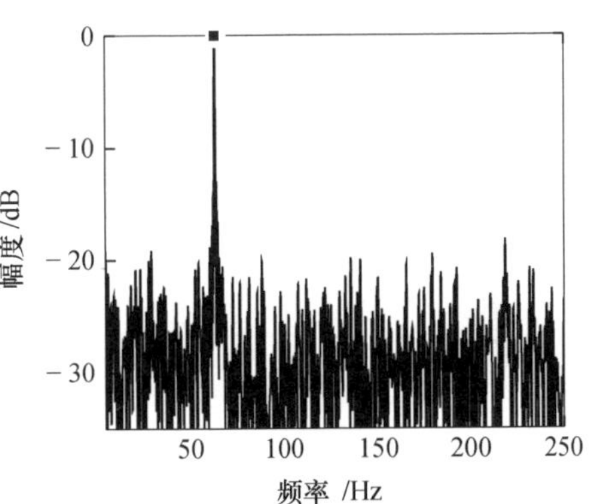

图 5.21　64Hz 音叉频谱分析

5.3.3.2　单摆实验

在微波暗室中，利用 S 波段实验雷达观察在雷达径向上的单摆运动。

1）当 θ 较小时

当 θ 较小时（$\theta < 5°$），$\sin\theta \approx \theta$，即当单摆摆动幅度很小时，单摆做简谐振动，振动频率为[2]

$$f = \frac{1}{T_0} = \frac{\omega_0}{2\pi} = \frac{1}{2\pi\sqrt{l/g}} \tag{5.60}$$

2）当 θ 较大时

当 θ 较大时（$\theta \geqslant 5°$），单摆做非线性运动，其振动频率包括一次、三次和五次谐波[19]。

$$\theta = \theta_0 \cos(\omega t) - \frac{1}{192}\theta_0^3\left(1 - \frac{1}{16}\theta_0^2\right)\cos(3\omega t) + \frac{1}{46080}\theta_0^5 \cos(5\omega t) \quad (5.61)$$

式中：$\omega \approx \omega_0$。

实验中单摆所示钢球直径为3cm，单摆摆长为0.776m，由式（5.60）可知，钢球单摆理论频率为0.5658Hz。雷达测量做单摆运动的钢球，给出其运动轨迹及频谱结果。

当钢球摆幅较小时，实验结果如图5.22和图5.23所示，此时单摆频率为0.569Hz，与理论值基本一致；当钢球摆幅较大时，不仅能够观察到0.569Hz的单摆振动频率，还能观察到频率为1.705Hz的三次谐波和频率为2.843Hz的五次谐波。

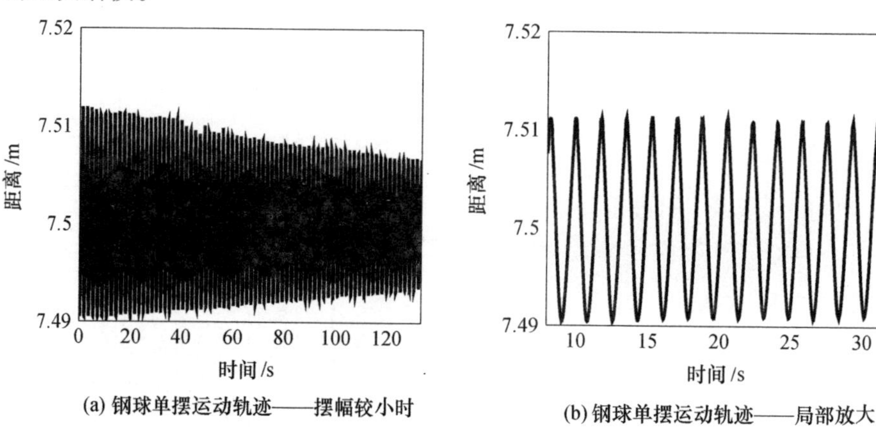

(a) 钢球单摆运动轨迹——摆幅较小时

(b) 钢球单摆运动轨迹——局部放大

图5.22　钢球单摆运动轨迹

单摆实验验证了宽带雷达测量微小目标运动的能力，同时由单摆频谱测量值与理论值对比分析可知，宽带相推测距的精度很高，可应用于目标微动特性测量。

5.3.3.3　弹射钢球实验

弹射钢球直径为5cm，中间空心，有弹簧。数据处理流程如图5.24所示。

图5.25为分析钢球数据段中，第一帧、中间帧和最后一帧的一维距离像，由这三张图可知，经相参积累后，钢球一维距离像信噪比均在18dB以上。

包络测距结果如图5.26所示，其测距均方根误差为28.2585mm。

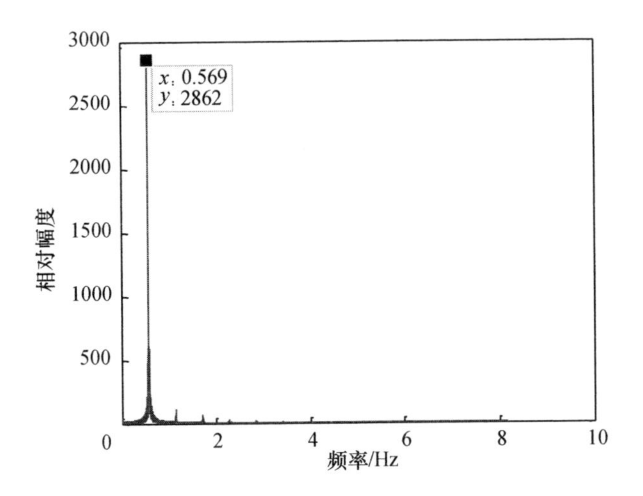

图 5.23　钢球单摆运动频谱(摆幅较小时)

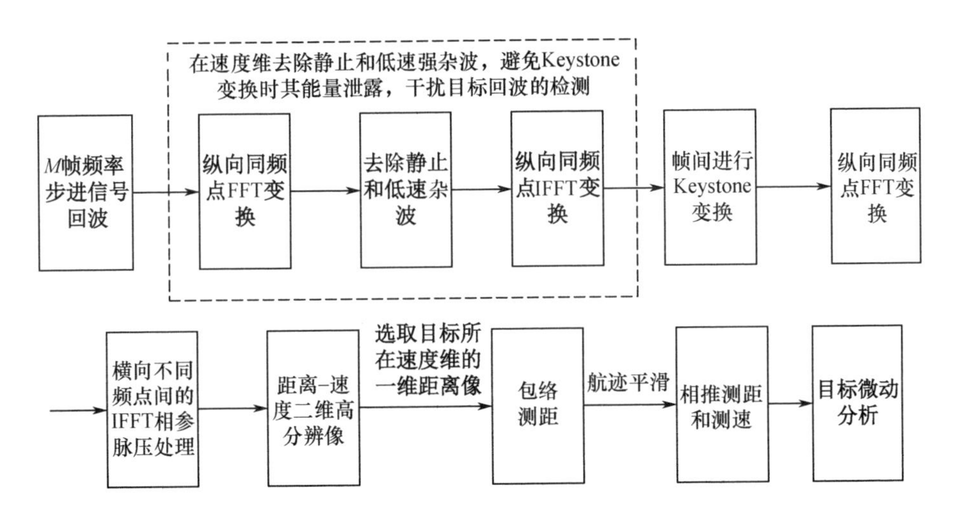

图 5.24　钢球回波数据处理流程图

观测钢球从 2m 弹射至 69m,相参积累后的信噪比由 35dB 下降到 18dB,经轨迹平滑后,可用包络测距结果解相推测距模糊。图 5.27 为相邻帧回波之间相位差测量结果,由该图可知,相位起伏较小。图 5.28 为相推测距测量相邻距离变化量结果,其中蓝色曲线为相邻帧回波距离差实测结果,红色曲线为拟合结果,由于蓝色曲线存在较大的弧度,从而采用分段拟合;实测结果与拟合结果之差即为测距误差。当信噪比为 30dB 左右时,相推测距误差为亚毫米(mm)量级;当信噪比为 20dB 左右时,相推测距误差为毫米(mm)量级。经轨迹平滑后,测距精度得到进一步提高。

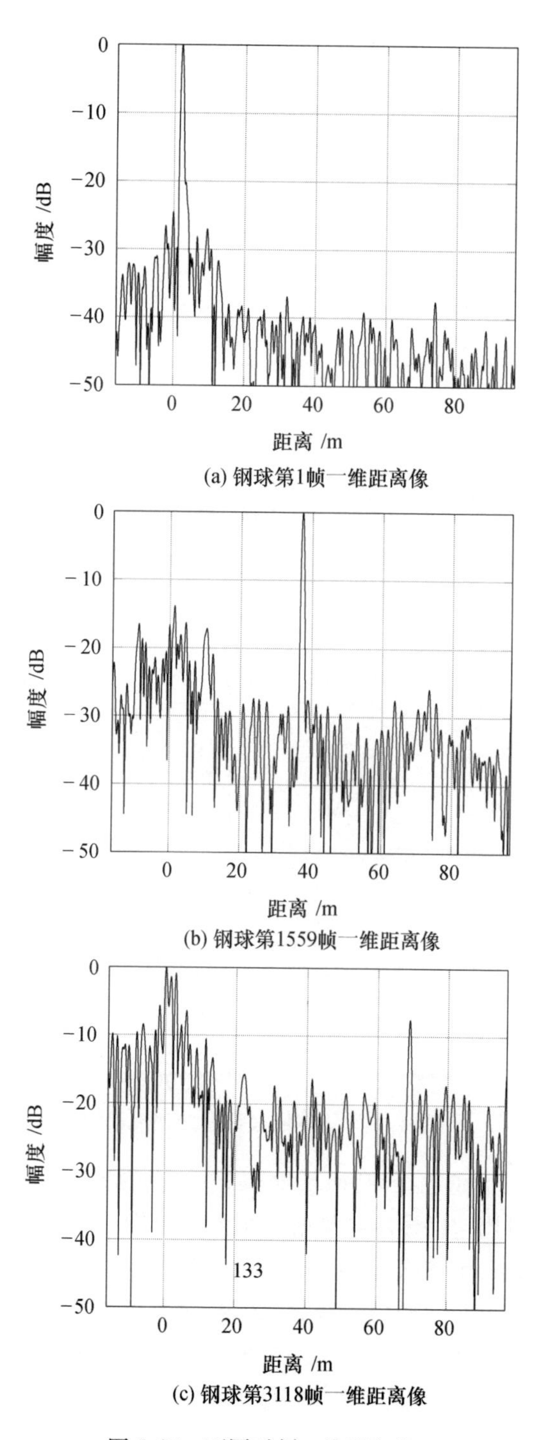

(a) 钢球第1帧一维距离像

(b) 钢球第1559帧一维距离像

(c) 钢球第3118帧一维距离像

图 5. 25　不同时刻一维距离像

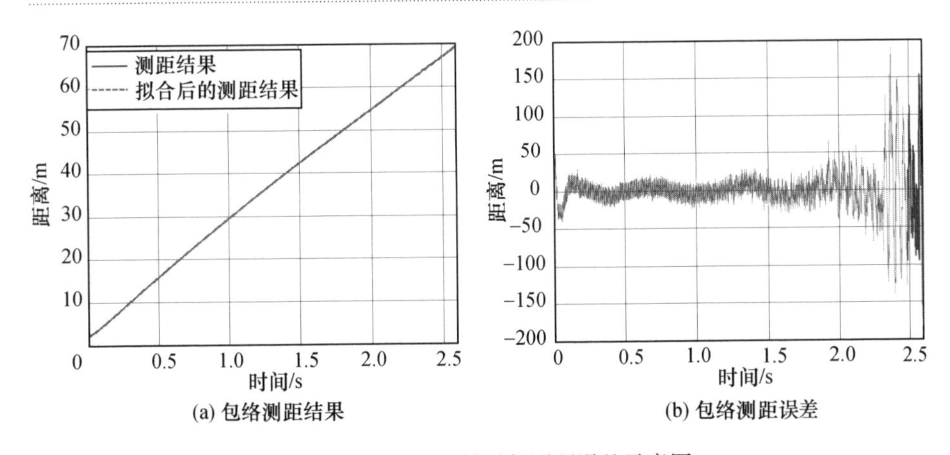

(a) 包络测距结果　　(b) 包络测距误差

图 5.26　包络测距结果与测距误差示意图

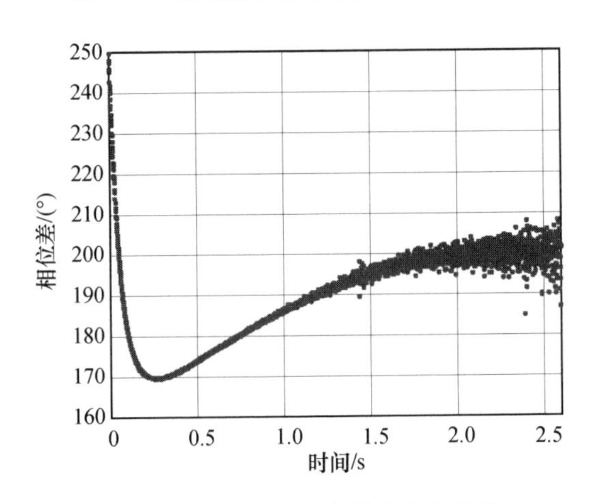

图 5.27　目标回波相邻帧之间相位差

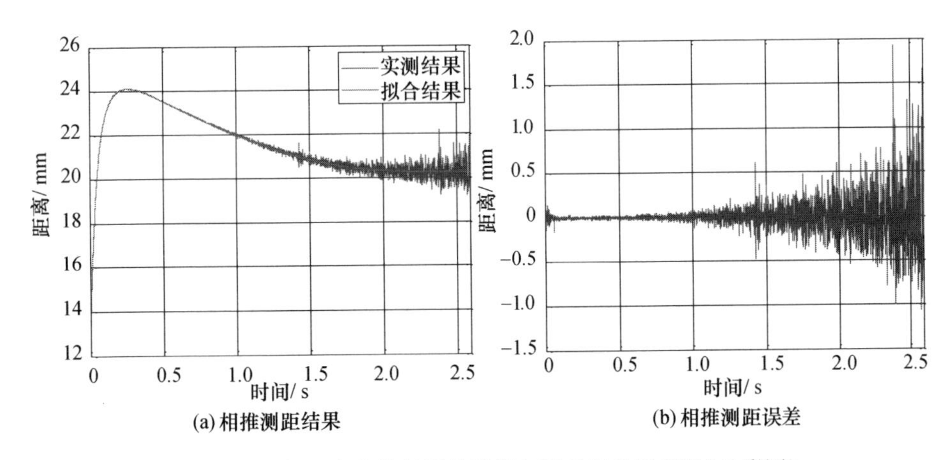

(a) 相推测距结果　　(b) 相推测距误差

图 5.28　相邻距离变化量测量结果与测量误差示意图(见彩图)

由相邻距离变化量测量结果,除以相邻一维距离像时间间隔,即可得到目标速度,如图 5.29 所示,其中速度上升段表示的是钢球弹射后一小段时间内,钢球相对雷达视角变化较大,从而径向速度随之变化;减速段主要是由于空气阻力的影响,钢球速度降低。由相邻距离变化量可以得到目标运动轨迹,如图 5.30 所示。当信噪比为 30dB 左右时,相位导出测速误差为毫米每秒(mm/s)量级;当信噪比为 20dB 左右时,相位导出测速误差为分米每秒(dm/s)量级。经轨迹平滑后,测速精度得到进一步提高。

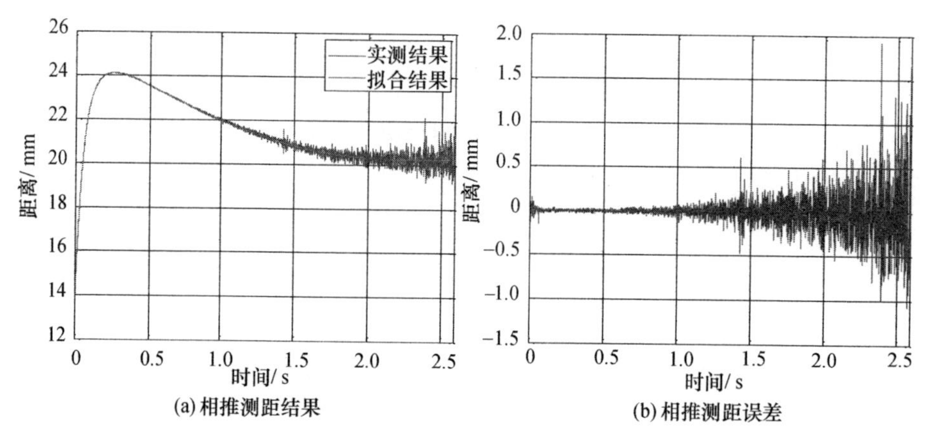

图 5.29　相位导出测速结果(见彩图)

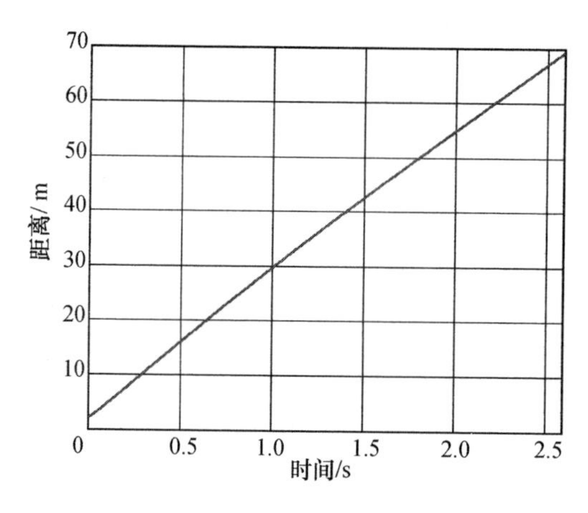

图 5.30　相位导出测距结果(相推测距目标轨迹)

图 5.31 所示为钢球微动轨迹与微动频谱示意图。由于图 5.31(a)采用了分段拟合,且拟合阶次较高,无法提取钢球微动信息,故采用直接拟合的方式(14 阶),得到不含微动的测量结果。将分段拟合和直接拟合结果还原为钢球运动轨迹,由两者之差,即得到钢球微动轨迹,如图 5.31(a)所示,其中钢球

微动拟合曲线为钢球微动频谱中三个主要谱峰的时域波形叠加结果；钢球微动频谱如图 5.31(b)所示。表 5.5 给出了图 5.31(b)中微动频谱中三个主要谱峰的主要参数。

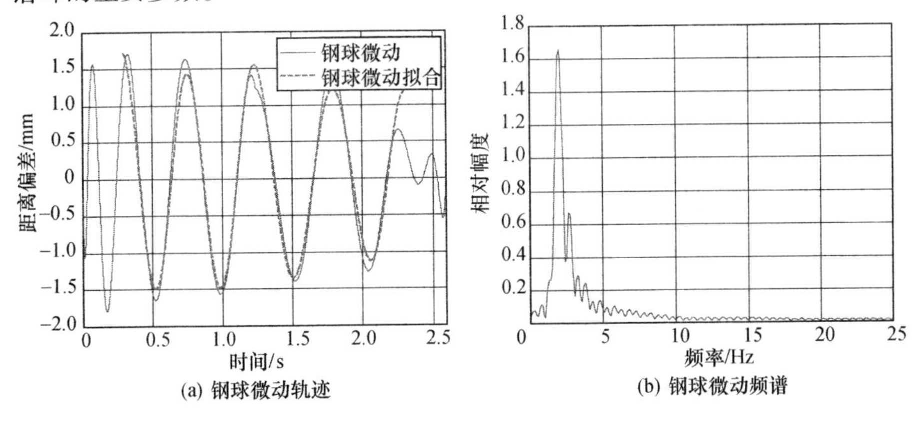

图 5.31　钢球微动轨迹与微动频谱示意图——序列 28 数据(见彩图)

表 5.5　拟合的 3 个正弦信号的参数

正弦信号	振幅/10^{-4} m	频率/Hz	初始相位/rad
1	13.73	1.99	0.34
2	3.47	2.42	-0.38
3	2.85	1.37	-1.22

参考文献

[1] Hughes P K. A High - Resolution Radar Detection Strategy[J]. IEEE Transactions on Aerospace and Electronic Systems, 1983, 19(5): 663 - 667.

[2] Gerlach K, Steiner M J, Lin F C, et al. Detection of a Spatially DistributedTarget in White Noise[J]. IEEE Signal Processing Letters, 1997, 4(7): 198 - 200.

[3] Gerlach K. Spatially Distributed Target Detection in Non - Gaussian Clutter[J]. IEEE Transactions on Aerospace and Electronic Systems, 1999, 35(3): 926 - 934.

[4] Gerlach K, Steiner M J. Adaptive Detection of Range Distributed Targets[J]. IEEE Transactions on Signal Processing, 1999, 47(7): 1844 - 1851.

[5] Conte E, De Maio A D, Ricci G, et al. GLRT - Based Adaptive Detection Algorithms for Range - Spread Targets[J]. IEEE Transactions on Signal Processing, 2001, 49(7): 1336 - 1348.

[6] Bandiera F, De Maio A, Greco A S, et al. Adaptive Radar Detection of Distributed Targets in Homogeneous and Partially Homogeneous Noise Plus Subspace Interference[J]. IEEE Transactions on Signal Processing, 2007, 55(4): 1223 - 1237.

[7] 戴奉周,刘宏伟,吴顺君. 一种基于顺序统计量的距离扩展目标检测器[J]. 电子与信息学报,2009,31(10):2488 - 2492.

[8] Long Teng,Zheng Le,Li Yang,et al. Improved Double Threshold Detector for Spatially Distributed Target[C]. IEICE Transactions on Communications,2012,95(4):1475 - 1478.

[9] 陈新亮, 王丽,柳树林,等. 高分辨雷达扩展目标检测算法研究[J]. 中国科学:信息科学,2012,42(8):1007 - 1018.

[10] Barshalom Y, Tse E. Tracking in a Cluttered Environment with Probabilistic Data Association[J]. Automatica,1975,11(5):451 - 460.

[11] Fortmann T E, Barshalom Y, Scheffe M. Sonar Tracking of Multiple Targets Using Joint Probabilistic Data Association[J]. IEEE Journal of Oceanic Engineering,1983,8(3):173 - 184.

[12] Singer R A, Sea R G, Housewright K. Derivation and Evaluation of Improved Tracking Filter for Use in Dense Multitarget Environments[J]. IEEE Transactions on Information Theory,1974,20(4):423 - 432.

[13] 何友,修建娟,关欣,等. 雷达数据处理及应用[M].2 版. 北京:电子工业出版社,2006.

[14] Long Teng,Zheng Le,Li Yang,et al. Improved Probabilistic Multi - Hypothesis Tracker for Multiple Target Tracking with Switching Attribute States[J]. IEEE Transactions on Signal Processing, 2011,59(12):5721 - 5733.

[15] Davey S J, Gray D A, Streit R L,et al. Tracking, Association, and Classification: A Combined PMHT Approach[J]. Digital Signal Processing,2002,12(2): 372 - 382.

[16] Camp W W,Mayhan J T, O' Donnell R M. Wideband Radar for Ballistic Missile Defense and Range - Doppler Imaging of Satellites[J]. Lincoln LaboratoryJournal,2000,12(2):267 - 280.

[17] Merril I Skolnik. Introduction to Radar Systems[M]. 3rd ed. New York:TheMcGraw - Hill Companies, 2006.

[18] Fritz Steudel. Process for Phase - Derived Range Measurements:US,7046190[P]. 2006 - 05 - 16.

[19] 孙春峰. 非线性单摆的格林函数解法[J]. 大学物理,2004,23(1):9 - 11.

第6章 宽带雷达系统应用

宽带雷达技术尤其是宽带成像技术和高精度参数测量技术的不断发展，不仅大大提高了雷达获取信息的能力，而且为非合作目标识别提供了一种重要方式。当前，宽带雷达系统在国防和民用领域取得了重大应用，各种新体制雷达以及关系国计民生的各个领域对宽带雷达的需求方兴未艾，本章仅选取典型的军用、民用宽带雷达系统进行简要介绍。

6.1 宽带空间目标探测雷达

宽带空间目标探测雷达可以对非合作目标进行远程二维成像，因此在防空反导、战略预警、空间碎片观测、雷达天文学等方面都有重要的应用价值。

早在20世纪60年代，为了实现弹道导弹防御系统中弹头和诱饵的有效分辨与识别，美国麻省理工学院（MIT）的林肯实验室就开始进行宽带雷达的相关研究，并在1970年建立了世界上的首部宽带雷达ALCOR。ALCOR雷达带宽为512MHz，工作在C波段[1,2]。

在20世纪90年代，X波段宽带相控阵地基雷达（GBR）是美国战区高空区域防御（THAAD）系统以及导弹防御系统（NMD）中的重要组成部分。THAAD－GBR雷达属于末段高层防御系统的制导雷达，承担着威胁目标的探测与跟踪、威胁分类等一系列任务。针对末段高层雷达与弹道导弹相对角度变化范围大的特点，该雷达设计的扫描区域大，雷达两维电扫描范围均为±53°，雷达孔径为9.2m^2，天线单元数为25344个，对0.1m^2的目标作用距离约为500km[1-3]。

在国家空间监视及导弹防御系统中，GBR开始是一个相当于验证型的雷达GBR－P，即NMD－GBR样机，有源单元数仅为16896个。目前，GBR－P部署在夸贾林靶场，据报道GBR－P可以对1m^2目标的作用距离达2000km。该部雷达的发展型号为X波段雷达（XBR），其口径面积为123m^2，天线单元数目为81000个。在2004年底有一部用于实战的XBR部署在阿拉斯加格里利堡的军事基地,第一部XBR雷达在加利福尼亚州范登堡军事基地部署。进入21世纪后,美国政府放弃了国家导弹防御计划,转而发展可以机动部署的海基X波段(SBX)雷达。

目前美国部署的外太空反导雷达主要为SBX雷达,如图6.1(a)所示,该雷达代替了原定部署在阿拉斯基谢米亚岛的XBR雷达。该雷达由雷声公司负责研制,经费高达8.15亿美元。SBX能以11~13km/h的速度进行机动,其大小相当于一艘中型航空母舰。SBX局部充填收发模块,雷达有效口径面积达248m^2,实际天线单元数目为45246个,最大探测距离高达4800km。并且,为了适应海基部署,SBX比XBR小很多,仅仅是XBR雷达50%~65%数量的发射接收模块,然而即便如此,SBX仍然需要部署在5万t排水量的CS-50型半潜船上[3]。与远程预警雷达相比,SBX的探测距离毫不逊色,而且X波段比早期预警雷达的特高频(UHF)波段精度要高很多,意味着SBX在目标截获、跟踪、分辨等方面,性能将得到大幅度提升。

(a) SBX雷达系统

(b) FBX-T雷达系统

图6.1　SBX雷达系统和AN/TPY系统

此外,为了提高经历外太空运动阶段的导弹的防御系统的作战能力,研制了可以运输的前向X波段便携式雷达(FBX-T),如图6.1(b)所示,该雷达在THAAD-GBR的基础上增加了信号带宽,由500MHz提升到1GHz,天线面积增至10.2m^2,天线单元数增至30464个,并具有很大的扫描范围,可用于上升段弹道导弹目标的跟踪。FBX-T雷达可以采用C-130飞机进行运输,具有高度机动性。THAAD-GBR和FBX-T曾被视为两种不同种类的雷达,2006年后,两者统一更名为AN/TPY-2雷达[4]。

俄罗斯在宽带相控阵雷达方面发展也非常快,1998年在莫斯科天线理论与技术国际会议上,Tolkachev介绍了俄罗斯研制的Ka波段大孔径相控阵

Ruza 雷达[5],该雷达在哈萨克斯坦的 Sary - Shagan 测试场进行了测试,并实现了对人造卫星与其他空间目标的跟踪,该雷达的天线与部署在美国夸贾林环礁岛的雷达非常相似。Ruza 雷达对 0.01m^2 的目标探测距离为 420km,工作在 33.75 ~34.25GHz 频率上,天线口径在每个轴上约为 7.2m,分成 4 个子阵,共有 120 个天线单元,天线单元间距离为 0.6m(约为 68 个波长),波束宽度为 3.6°,电扫范围为 ±50°,天线增益为 69.5dB,最大栅瓣电平为 10dB,发射机输入峰值功率为 1MW,平均功率为 10kW,最大信号脉冲宽度为 100μs,可以在窄带与宽带下工作,窄带工作时带宽为 4.6MHz,宽带工作时瞬时带宽为 100MHz,系统采用线性调频去斜处理实现对目标的高分辨一维距离成像。

德国研制的地基跟踪成像雷达(TIRA)工作在 L 波段和 Ku 波段。Ku 波段用于宽带成像,最初带宽为 800MHz,经过不断的改造升级,目前其带宽已达到 2.1GHz。发射峰值功率为 13kW,具有较高的探测能力,能够探测到 1000km 高空上 2cm 大小的空间目标[6,7]。图 6.2(a)是该雷达外形图,图 6.2(b)为其对俄罗斯和平号空间站所成的二维逆合成孔径雷达(ISAR)像。

(a) 外形照片

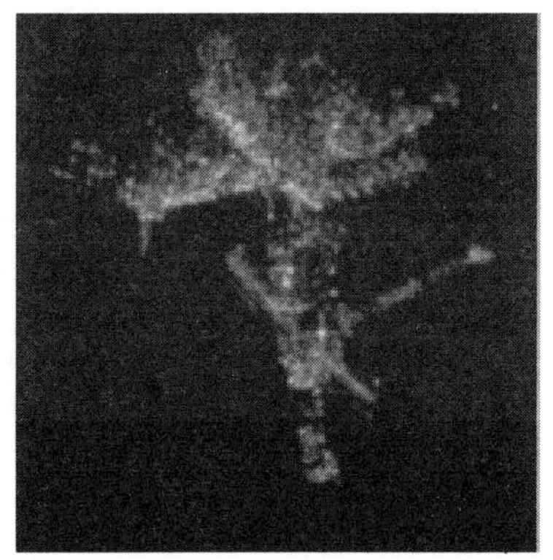

(b) 和平号空间站ISAR像

图 6.2 TIRA 雷达系统

6.2 宽带雷达导引头

6.2.1 概述

精确制导武器通常是指采用高精度探测、控制及制导技术,能够有效地从复杂背景中探测、截获、识别及跟踪目标,并选择目标的薄弱部位,高精度地命中目标的要害部位,有效地摧毁目标的武器装备。而精确制导技术是精确制导武器的核心技术,主要研究目标探测、识别和武器高精度制导控制技术。雷达制导由弹上的微波雷达导引头发射/接收目标反射的微波能量以对目标进行捕获、跟踪。其特点是:发射功率大,接收灵敏度高,电磁波在大气中传播性能好,制导系统探测距离远;不受昼夜和天气条件限制,能全天候和全天时使用;波束较宽;制导精度不高;电磁环境复杂等[8]。

毫米波的波长(8mm、3mm)介于微波和红外之间,毫米波穿透云、雨、雾、尘和稀疏树林的能力远胜红外及可见光,具有昼夜和有限全天候能力。毫米波器件尺寸小,易于弹上集成化,可以减少导弹的体积,减轻导弹的重量。毫米波雷达抗杂波和抗干扰能力较强,具有目标识别和攻击点选择能力,在不利气候条件和恶劣战场环境中工作性能好。毫米波制导兼有微波和红外的一些优点,在全天候、全天时、作用距离及制导精度等方面实现了良好的折中,具有优异的综合性能,已成为当前精确制导技术发展的主要方向之一。

毫米波导引头要实现高探测精度,多种信息获取,近距离降低角噪声影响,细致区别目标形状和要害部位,必须具备成像探测能力。为实现高距离分辨(HRR)一维成像,毫米波主动导引头必须发射大带宽信号。1m 距离分辨力的信号带宽约 150MHz ,此时宽带导引头的距离分辨力尺寸远小于目标尺寸,目标上若干强散射中心的回波随距离的分布构成目标距离像。由于高分辨力宽带系统的分辨力比窄带系统要好得多,因此在雷达分辨单元内,各目标之间、目标上各散射体之间的信号引起的响应,相互干涉合成的机会较少,各分辨单元内回波信号中目标信息的含量比较单纯,一维成像后能明显地反映目标的特征[9]。毫米波雷达制导采用宽带雷达系统,分辨能力较高,有利于目标识别,提高雷达导引头抗干扰尤其是抗拖曳式干扰能力;在远近距离皆可实现很高距离分辨力,且有利于抑制角闪烁;天线波束窄,角度分辨力高;速度敏感,速度分辨力高。

6.2.2 关键技术

1) 宽带成像技术

实现一维距离高分辨的发射波形以及相应成像处理方法很多,线性调频波形、相位编码波形、频率步进波形等均能实现高分辨一维距离成像。其中频率步进波形瞬时带宽小,降低了数据采集和信号处理的工程实现难度,在雷达制导系统中得到了广泛的应用。

2) 杂波中目标检测

对于地面雷达,杂波一般是静止的,可以采用动目标显示(MTI)、动目标检测(MTD)技术解决杂波中的目标检测问题。但对于雷达导引头,不仅目标是运动的,杂波也是运动的,此时可采取的措施有两类:一是采用脉冲多普勒体制,利用多普勒信息在复杂地杂波环境下检测运动目标;二是降低杂波面积,提高信号杂波比,具体手段包括减小波束宽度、一维距离高分辨、二维距离高分辨等。

3) 抗干扰

针对各种有源和无源干扰,导引头需要在时域、空域、频域、编码域、能量域等信息域采用一种或多种手段抑制干扰,以保证制导系统在复杂电磁环境下的可靠性。

4) 目标识别

在高科技条件下的现代战争中,由于战场复杂性的增加,目标可观测性的降低,自动目标识别技术已经成为提供精确制导武器系统技术优势的一个重要因素。在毫米波主动寻的反地面目标制导武器系统中,自动目标识别技术尤其重要,在弹载平台上实时地从复杂地物背景和假目标环境中识别出感兴趣的军事目标,是实战中必须要解决的关键问题。

为了获取更多的目标信息,获得更好的综合性能,导引头需要根据工作环境与目标特点的不同选择合适的雷达体制。雷达可从多个维度获取目标的信息:在距离维,可获取目标径向尺度特征,综合利用角度维和距离维信息可获取目标的二维图像;在极化维可以通过单极化/全极化方式获取目标结构信息。雷达获取信息维数越多,越精细,系统复杂程度越高,需要根据应用环境与目的进行取舍。

6.2.3　国外宽带雷达导引头简介

美国战略防御局在 1990 年 11 月提出大气层内轻型射弹(称为 Endo LEAP)计划,后改称为大气层拦截器技术(大气层拦截器技术(AIT))计划。1993 年,美国 Lockheed Martin 公司的前身 Martin Marietta 公司为此计划研制了一种采用相控阵天线、W 波段的脉冲多普勒雷达导引头。在直径 12.75cm 的天线孔径中装有 2208 个 T/R 组件。为了实现最佳的目标探测和跟踪,它采用了四种发射波形。在捕获模式下采用频率分集的 3 位 Barker 码;在跟踪起始模式下采用 11 位频率分集 Barker 码;在粗跟踪状态,采用 11 位 Barker 码,无频率分集;在瞄准模式,采用 32MHz 频率步进线性调频信号,合成带宽 1GHz[10-12]。

Martin Marietta 公司还研制了毫米波导引头先进技术测试平台 ATMMW-ST,该系统中的雷达为具有二维成像能力的 Ka 波段导引头,它采用 64 个频率步进脉冲合成 509MHz 的宽带波形,具体系统参数如表 6.1 所列[13]。

表 6.1 毫米波导引头先进技术测试平台 ATMMWST 系统参数

参数名	数值	参数名	数值
中心频率	35GHz	距离分辨力	0.29m
发射机峰值功率	10W	天线增益	29dBi
脉冲宽度	64ns	波束宽度	5°
PRF	40kHz	极化	双极化
频率步进点数	64	单脉冲零深	>25dB
频率步进间隔	7.95MHz	噪声系数	8.5dB
合成带宽	509MHz	带宽	15MHz

6.3 宽带形变监测雷达

6.3.1 概述

区域形变监测是形变灾害调查、研究与防治的重要组成部分,是获取预测预报信息的有效手段,对形变灾害防治具有重要意义。区域形变监测是对一定范围内岩体及土体的位移、沉降、倾斜或建筑物、构筑物及其地基等的形变所进行的测量工作。其主要目的是了解和掌握灾害的演变过程、及时捕捉灾害的发展变化特征信息,为各种区域形变灾害的分析评价、预测预报及灾后的治理工程提供可靠资料和科学依据。

根据其工作模式和测量特点,现有的区域形变测量的手段可以分为两类。

一类是以单点测量为基础的接触式形变测量仪器,包括倾斜仪或斜度仪、全站仪、位移计、应变测量计、同轴电缆电磁波测量、光纤传感测量、全球定位系统(GPS)测量等,该技术是目前应用较为广泛的形变测量手段[14]。在利用接触式仪器进行区域形变监测时,通常将一个或多个测量仪器放置在被监测目标表面,或者插入、嵌入到被监测目标体内。受到单点测量方式的限制,该类测量方法仅能获取被监测区域的单点形变测量结果,为获取区域整体形变场特征,通常需要将单点形变信息组成形变监测网,通过数据插值近似得到区域形变场信息。因而,该类测量方法的精度与监测点设置的疏密程度和空间位置分布有很大关系,监测点越密集、位置分布越均匀,形变监测效果越好、测量误差越小。另外,接触式测量由于需要将测量设备布设在被监测的高危区域内,所以布设过程会给工作人员带来安全隐患。

另外一类是以连续平面测量为基础的遥感式形变测量方法,该类方法通过传感器的远距离作业,获得被监测区域的连续形变监测结果,进而得到被监测区域形变趋势和总体特征，在形变测量精度和安全性上均优于接触式测量，合成孔径雷达（SAR）差分干涉测量技术是此类形变监测技术的一个典型代表。SAR差分干涉测量技术是在InSAR的基础上发展起来的，它以合成孔径雷达复数据提供的相位信息为信息源，可从包含目标区域地形和形变等信息的一幅或多幅干涉纹图中提取地面目标的微小形变信息。与接触式形变测量手段相比，SAR差分干涉形变测量技术可以获得远距离、大范围、连续性的区域形变测量信息，并且抗灾害破坏力强，受天气气候影响小，监测安全性强。

早期SAR差分干涉测量技术的研究大多是基于星载和机载合成孔径雷达[15,16]，而对地基SAR差分干涉技术的研究是近十年才发展起来的[17]。由于地基SAR系统空间分辨力高、重复观测周期短，具有很高的测量精度，可以根据观测场景选择最佳观测视角及根据目标动态特性选择合适的时间基线，具有很好的灵活性和可操作性，因此，地基SAR不仅成为星载和机载SAR形变监测的有效补充，在某些应用背景下更是成为星载、机载SAR不能替代的更有效的区域形变监测手段[18-20]。

6.3.2　关键技术

地基SAR形变测量技术基于SAR差分干涉原理，通过对比分时获取的、同一地区的时序SAR序列的相位值，进而获得该地区的形变信息。其中，SAR图像的获取涵盖宽带信号处理技术、合成孔径雷达技术；形变量提取基于永久散射体（PS）差分干涉处理技术，涵盖Delaunay三角网络建立技术、三维空时相位解缠技术、大气相位补偿技术以及形变反演技术。

6.3.2.1　SAR图像获取技术

在SAR图像获取方面，地基SAR系统通过天线在高精度导轨上的往复运动（或者通过实孔径天线阵列），得到目标区域的时序SAR数据，并通过宽带信号处理技术（例如频率步进合成宽带）和合成孔径雷达技术对原始SAR数据进行处理得到聚焦SAR图像。由于天线在固定导轨上滑动，因而各幅SAR图像的空间基线为零。地基SAR成像处理的大体流程与常规SAR成像相同：对采集的SAR数据首先进行预处理，预处理包括数据非相干积累、系统误差补偿等操作；然后对每个距离线数据进行距离压缩；通过方位向处理实现图像的方位聚焦；最后在图像后处理中完成辐射校正、图像增强等图像处理操作，输出二维聚焦复图像。地基雷达在数米长合成孔径上匀速往复运动，对场景的辐射能力由发射功率和天线方向图决定[21]，一般情况下地基SAR波束距离覆盖范围可达数千米，且近区场景通常位于天线近场区域，方位覆盖角度可达数十度。因而,地基 SAR 系统工作几何关系可以认为是传统机载 SAR 或星载 SAR 数据的一个极小的子孔径数据。在这种几何配置下,地基 SAR 图像的方位分辨力将随距离线性扩大,场景的距离比(最远距离比最近距离)可达数十甚至上百,这样远区目标的方位分辨力将比近区目标的大很多,因而极坐标格式的成像算法更加适合地基 SAR 系统成像几何关系。通常地基 SAR 中使用反向投影算法(BPA) 实现方位聚焦,该方法为时域最优聚焦算法,具有精度高但运算量大的特点。另一种基于 Keystone 变换的去斜处理算法为 KDA ,该算法充分利用地基 SAR 信号特征,利用 Keystone 变换校正目标距离徙动,然后在方位多普勒域将数据进行多视划分,各子视数据利用 Dechirp 处理实现子视图像聚焦,然后合成为全场景聚焦图像。与 BPA 相比,该算法在保证成像质量的同时,在运算量上具有优势。

6.3.2.2 形变量提取技术

最终形变信息的获取是通过对时序 SAR 图像的差分相位测量得到的。由于地基 SAR 是对标的长时间监测,在观测过程中,场景中的大气参数势必会发生一定程度的变化。对于每一幅 SAR 图像而言,由于所对应的大气参数不同,其大气相位也不同。在干涉数据处理时,采用某一幅图像(一般是第一幅,可选)为主图像,其他 $N-1$ 幅图像为从图像,生成 $N-1$ 幅干涉图。不同干涉图中的干涉相位所对应的大气相位差也不相同。因此,在干涉处理的过程中,需要估计并去除由大气相位变化而引入的误差相位。在实际情况下,由大气相位所导致的形变误差可以达厘米级。如果不补偿大气相位,根本无法实现高精度(亚毫米)的形变测量。

现阶段补偿大气相位的方法主要有两种:①利用观测过程中测量的大气参数进行大气相位估计补偿;②利用 PS 用大气参数对大气相位进行估计时,对于离气象参数测量站越远的目标,其大气相位的估计量可能会有越大的误差,很多目标点将无法实现高精度的形变测量。最初的 PS 技术用于星载差分干涉处理,它最早由意大利米兰工业大学的 Ferretti 等提出[22]。随后,Stanford 大学的 Hooper 等人对 PS 技术进行了发展[23]。与此同时,荷兰 Delft 大学的 Hasson 和 Kampes 等人也在星载 PS 算法中作出了贡献[24]。

随着星载 PS 技术的逐渐成熟,地基雷达边坡微小形变测量领域也开始使用 PS 技术。意大利佛罗伦萨大学最早将 PS 技术引入地基 SAR 数据处理[25],随后更多单位开始了地基雷达 PS 技术的研究[26],PS 技术逐渐成为地基雷达形变测量的趋势。

为解决各幅 SAR 图像间的时间去相干问题,提高形变测量精度,基于 PS

技术的差分干涉处理成为目前地基 SAR 系统形变反演的主流手段。通过选择场景内所有静止的 PS 点,并利用它们的相位信息来估计观测场景的大气相位。PS 处理时利用多幅 SAR 图像间的相干性信息判别场景内的 PS 点,然后依次通过 Delaunay 三角网络建立、三维空时相位解缠、大气相位去除和形变反演过程得到最终的目标形变测量结果。

6.3.3 国外宽带形变监测雷达简介

自 1999 年以来,国外有许多研究机构开展了地基 SAR 干涉测量技术及应用方面的研究,包括欧盟综合研究中心(Joint Research Centre of European Commission),意大利的佛罗伦萨大学(Florence University),西班牙的加泰罗尼亚理工大学(Universitat Politecnica de Catalunya),英国的谢菲尔德大学(Sheffield)大学,澳大利亚的昆士兰大学(Queensland University),韩国的江原大学(Kangwon National University),日本的东北大学(Tohoku University)等,其研究成果已在实际形变检测中取得成功应用,较著名的商用产品包括意大利 IDS 公司的地形微变远程检测(IBIS - L)系统、澳大利亚 GP 公司的边坡稳定性监测雷达(SSR)、荷兰 Meta Sensing 公司的快速地基合成孔径雷达(FastGBSAR)。

这里以意大利的 IBIS - L 系统为例,对地基 SAR 形变监测系统做以介绍[26]。IBIS - L 系统是意大利 IDS 公司和佛罗伦萨大学经过 6 年合作研发的结果(图 6.3),可用于大型建筑物、大坝、桥梁和滑坡等的形变监测和灾害预报。系统工作频率为 17.2GHz ,通过天线在 2m 的水平轨道运动来合成方位孔径,距离分辨力 0.5m ,方位分辨力为(0.2 ~ 4km) × 4.5mrad ,测程为 0.2 ~ 4km ,采集图像最短时间为 5min,形变监测精度可达 0.1 ~ 1mm 。IBIS - L 系统运输和安装方便简单,操作自动化程度高,控制和处理软件功能强大。工作中无需在目标区域安装传感器,工作人员不用靠近或进入目标形变区域,既保证了人员的安全,也避免了对形变体的影响。

(a)

(b)

图 6.3　IBIS - L 系统照片

6.4 宽带场面监视雷达

6.4.1 概述

场面监视雷达(SMR)主要用来监视特定环境场景范围内目标的分布状态,其功能不仅包括一般雷达所具有的对目标距离信息的测量,数据处理系统还具有一定的目标识别、冲突判断和告警等功能。

场面监视雷达早期一般应用在海上的舰船、各种港口、河道,主要目的是监视舰船等水面上的目标,用于港口的舰船调度,保证港口在各种复杂天气条件下舰船的安全水上航行等。后来随着雷达技术的发展和各个领域需求的不断增加,场面监视雷达逐步扩大了应用领域,如水库大坝的安全防护、海岸监视、重点军事设施区域监视、局部战区监视以及机场场面监视等。从安装地点上分,有舰载场面监视雷达、车载场面监视雷达、陆基场面监视雷达、机载和星载场面监视雷达等[27]。

对于机场场面监视雷达系统来说,一般需要具备如下功能[28]:

1) 监视功能

对跑道、滑行道及停机坪上活动的飞机和车辆定位。

2) 控制功能

检测控制区域内潜在的冲突并报警。

3) 引导功能

通过管制员控制滑行道中心线、停止线灯光等引导飞机和车辆。

4) 路线控制功能

手工或自动调整滑行道的分配,从而提高滑行道的利用率,增加机场容量。

6.4.2 关键技术

宽带场面监视雷达能够确定目标位置,并将其信息传送至场面监视数据融合系统,根据其工作的场景环境,提供数据给相应的管理调度中心。对于宽带场面监视雷达来说,因为具有大的信号带宽,在对目标进行测量过程中既可以得到更高的距离分辨力,也可以通过雷达回波得到更多被监视目标的特性。宽带场面监视雷达关键技术如下[29]。

6.4.2.1 宽带信号调制技术

该项技术取决于雷达所采用的波形,对于脉冲雷达来说,需要高分辨力就要更窄的脉冲宽度，对于 FMCW 雷达来说，则需要调制信号的大带宽、高线性，无论哪种波形，高质量宽带信号对激励、发射功放及信号处理器件性能和设计都有很高的要求。

6.4.2.2　高速实时信号处理技术

数据处理输出的实时性标志着雷达系统对突发事件的快速响应能力，高速实时信号处理技术的实现可以使得雷达监测结果迅速输出，给监视者针对事件做出相应措施提供时间余量。因此数据处理的高效实时性也是宽带场面监视雷达的一个重要指标。

6.4.2.3　杂波抑制技术

抑制气象杂波以及地表杂波是雷达信号处理算法中的一部分，也决定了场面监视雷达的灵敏程度。

6.4.2.4　低成本非色散圆极化赋形天线设计技术

天线是机场场面监视雷达系统的关键子系统，其设计水平直接决定了机场场面监视平台的效费比。由于场面监视雷达主要用于发现低空近地目标和机场场面的目标，所以场面监视雷达的天线仰角一般为负值，垂直波瓣图为倒余割平方波瓣特性。

6.4.2.5　大尺寸抗飓风高速旋转的天线及转台结构设计技术

雷达方位分辨力要求的天线大水平尺度、高数据率要求的高转速以及国际民航组织（ICAO）要求的高抗风性能，使机场场面监视雷达的天线和转台结构成为设计难点。

6.4.3　国外场面监视雷达系统介绍

6.4.3.1　丹麦 TERMA 公司的 SCANTER5000/6000 系列简介

SCANTER5000/6000 系列[30]是新一代的全相参、频率分集和时间分集的固态雷达，可以通过软件定义，用于交通服务、海岸监视、机场地面监视等，5000 系列用于固定安装，6000 系列可以安装在船上。该雷达系统组成如图 6.4 所示，收/发模块作为系统的、核心模块，由外围插入式模块配置，外围单元可以根据需求添加。通过 IP 网络实现通信，附加的串行通信线可以容易地集成到新的系统上，可以数字、模拟和 IP 网络形式输出视频。雷达性能可以通过配置文件进行配置,3m 的距离分辨单元,发射功率为 80mW 到 8W 不等,对于小目标 0.1 ~0.2m^2,探测距离达到 150km[30]。

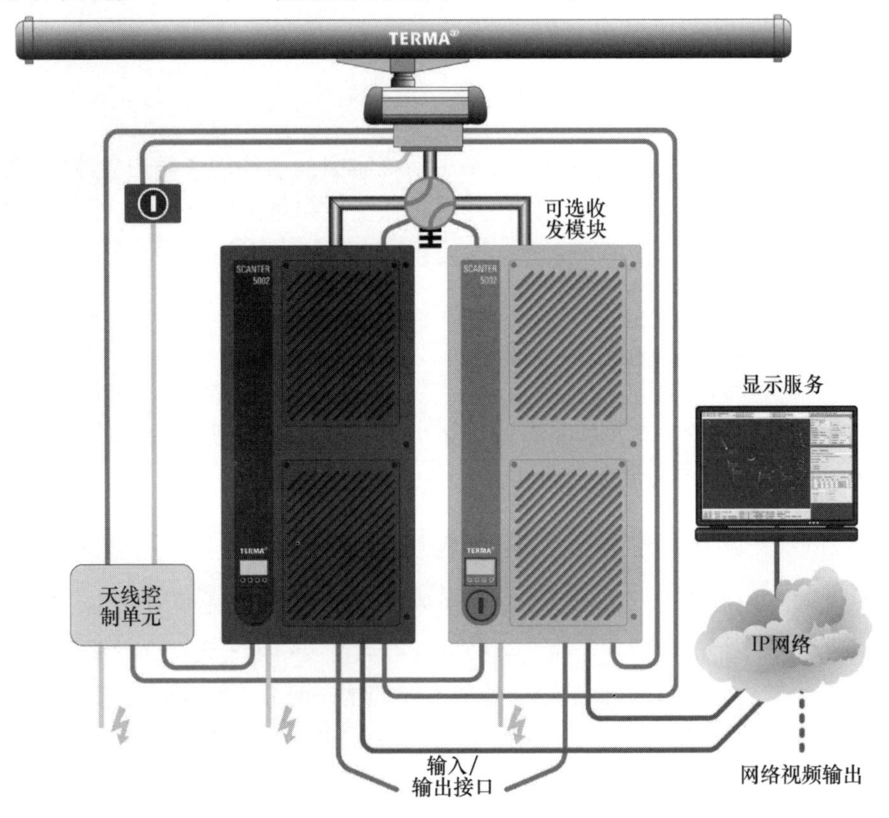

图 6.4 SCANTER 5000/6000 系统组成

6.4.3.2 西班牙 INDRA 公司的 Surface Movement Radar 简介

该公司的场面监视雷达采用线性调频连续波(LFMCW)体制的固态雷达,监测并定位机场附近固定、移动、单个或多个目标,即使在雨天或者雾天低能见度条件下也可以很好地工作,固态低功耗设计可以使其维护简单、运行可靠性高。该雷达特点是集成水平高,模块化双通道系统由发射机、接收机和处理器组成。其性能指标参数如表 6.2 所列[31]。

表 6.2 INDRA 公司 Surface Movement Radar 参数

参数	值	参数	值
最大/最小斜距	6000m/15m	接收机噪声带宽	≤4.5dB
作用距离(降雨量 16mm·h^{-1})	>4600m	视频带宽	7.5MHz

（续）

参数	值	参数	值
方位向精度	<0.044°	A/D 转换位数	12bit
距离分辨力（$1m^2$ 目标）	< 6m	FFT 点数	2048 点复数
方位分辨力（2km 处）	<15m	杂波抑制与恒虚警率（CFAR）检测	基于杂波图方式
目标处理容量（天线 60r/min）	>300	天线增益	>35dBi
最大处理延时	<0.25s	方位波束宽	<0.4°
工作频段	X（9.0～9.5GHz）	俯仰波束形	倒余割平方
波形	LFMCW	极化	圆极化
频率分集	4 个频率	天线转速	60r/min
发射机输出功率	5W，连续波	系统可用性	99.999%
线性调频带宽	>200MHz		

6.5　宽带穿墙雷达

6.5.1　概述

穿墙雷达可对建筑物内的目标进行探测，在反恐、警戒、救灾、医疗等领域应用前景广阔。尤其是穿墙探测具有非入侵式的特点，可侦测建筑物内的人员、探测排查隐藏的武器及其他危险物品等，因此穿墙雷达在军事、反恐安全领域有着非常重要的意义和应用需求。穿墙雷达探测的对象有两大类：一是人体等活动目标及其动态特征（如心跳、呼吸等），二是建筑结构和室内陈设等静态物体。前者可以利用多普勒效应将目标回波和墙体回波进行分离，相对而言较容易探测；后者则需要使用宽带 SAR 进行成像探测，即穿墙成像（TWI），是当前该领域的研究热点。

在实际应用中，穿墙雷达面临的情况非常复杂：除了墙体带来的功率衰减以及自身的强反射之外，墙体可能非均匀（多层介质或者内含钢筋、管道、空腔等）并且安装有暖气、镜子等附属物；室内有各种陈设，多径与互耦问题严重；建筑内通常存在多重墙壁。针对这种复杂成像环境，常规成像技术遇到了极大挑战，因此也吸引着国内外很多学者在此领域进行大量的研究工作，近年来已经取得了不少令人欣喜的研究成果。尽管如此，穿墙雷达探测和成像技术仍然是具有相当难度的前沿课题，它并不仅仅是单纯的信号处理问题，而是一个交叉学科研究领域,包括材料学、电磁学、建筑学等很多学科内容,需要多学科分支的共同努力和相互作用。其中在电磁和信号模型建立、天线阵列构型设计、未知墙体参数估计、强弱目标回波分离、多径信号抑制、建筑物模型反演等技术方向上,还有很大的研究和发展空间。

美国国防预先研究计划局(DARPA)于2006年启动了一个名为VisiBuilding的计划,至今仍在研究。该计划研究重点为基于模型的成像架构(model-based imaging architecture)[31]该架构具有高度的概括性和指导意义。它是在不知道墙体结构参数的条件下,通过一个闭环迭代过程,对结构参数进行估计,利用最佳估计结果建立模型,实现穿墙成像。该计划指南中指出该模型的实现依赖于以下三个技术领域:信号的传播环境(phenomenology of signal penetration into building)、雷达传感器的摆放和工作模式、复杂环境下对建筑物模型的三维推演(model-based 3-D building deconvolution)。这种基于模型的方法,在未知墙体参数的情况下,利用得到的成像信息去预测一个三维建筑模型来获得对回波数据的最佳匹配。通过美国VisiBuilding项目已公布的一些结果看,在一定条件下反演建筑物的内部布局是可以实现的[32-34]。

图6.5所示为穿墙雷达成像结果反演三维建筑物模型。

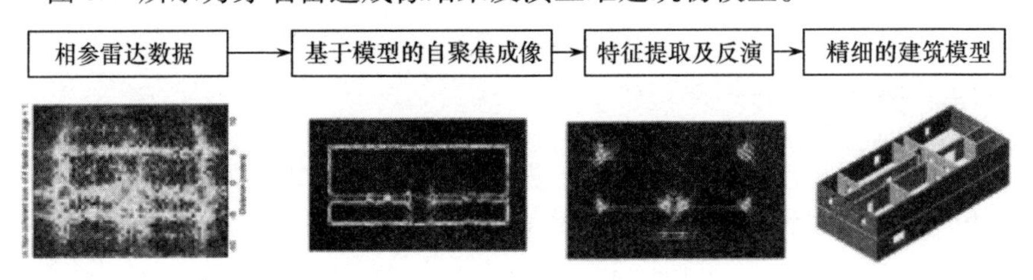

图6.5 穿墙雷达成像结果反演三维建筑物模型

6.5.2 关键技术

6.5.2.1 墙体电磁传播特性

穿墙雷达需采用宽带信号获得距离向高分辨,合成较大口径获得方位向高分辨。由于存在墙体的影响,电磁波在频率维上会发生色散;合成大口径,使得电磁波入射角度范围较大,穿墙成像场景在空域上是空变的;墙体参数未知。这些大大增加了高分辨穿墙成像的难度。现有穿墙雷达研究多是假设墙体模型为单层均匀墙体,成像方法主要是对墙体附加延迟进行修正后通过BP方法实现聚焦成像。然而实际情况中墙体通常是非均匀的。因此,需要研究非均匀墙体等非理想因素对穿墙信号模型和成像结果的影响程度、非均匀墙体下未知墙体参数的高精度估计方法以及相应的图像聚焦方法。

6.5.2.2 强杂波和多径抑制

穿墙雷达成像结果中的鬼影(ghost image)来源为强杂波和多径。由于电磁波传播在墙体内存在双程衰减,墙体的反射波、收发天线之间的耦合波会强于目标回波,需要抑制此类杂波;成像场景中强散射目标回波会淹没微弱目标回波,需要从强散射目标回波中提取微弱目标回波,以获得成像场景中细节信息。这需要研究穿墙雷达大动态范围成像问题,使得目标图像层次丰富,细节清晰。在室内封闭空间或者多重墙体情形下,多径严重,且随着入射角度变化。因此,需要研究多径干扰的抑制方法,消除成像结果中由于多径产生的鬼影,使得目标图像更为"干净"。

6.5.2.3 目标位于近场

目标可能处于近场条件下,很多远场假设不再成立,这使得电磁场边值问题非常复杂。雷达又工作于谐振区,使问题进一步复杂化。

6.5.2.4 静止目标、多目标探测

穿墙探测的目标处于复杂环境中,周围可能存在大量散射更强的物体,目前穿墙雷达多采用动目标检测技术,对静止目标的探测还很困难。多目标探测时容易出现虚假目标。

6.5.3 国外穿墙雷达系统介绍

6.5.3.1 英国 Cambridge Consultants 公司 Prism200

Prism200 穿墙雷达[36]是英国 Cambridge Consultants 公司[35]设计的一种轻便、耐用及高度精密设备(图6.6),是专门为警察、特种部队及紧急服务行业而设计的,在作业人员无法经由其他方法获取相关信息的情况下,Prism200 穿墙雷达可以穿透门、砖墙,石板以及混凝土墙体,对内部空间进行全面覆盖,并快速估测房间内的状况,提供其中隐藏不明的人体及活动物体的精确位置信息。其工作频率范围为1.7~2.2GHz,可检测到20m以内的人员。

6.5.3.2 美国 TimeDomain 公司的 RadarVision

RadarVision1000[37]是美国 TimeDomain 公司[36]1998 年推出的一款穿墙透视仪,此穿墙透视仪采用时间调制超宽带技术和一对收发天线,可穿透墙壁,提供距离维信息,视场是90°,探测距离是6m 。在 2002 年推出第二代产

图 6.6　Prism200 穿墙雷达

品 RadarVision2000，采用收发天线阵列，可以实现二维运动成像，提供方位和距离上的运动信息，方位视场 120°，俯仰视场 100°，探测距离接近 10m，平均发射功率 －24dBm，运动图像更新速率 3Hz，具有运动目标探测能力和合成孔径处理的能力。

在 RadarVision 的基础上，该公司继续推出了 SoldierVision 系列，其中的 SV2000A1（图 6.7）是一种手持式的便携超宽带穿墙雷达。该系统的发射和接收采用记时基片编码的窄脉冲串技术，通过检测相邻时间编码回波能量的变化来检测运动目标。

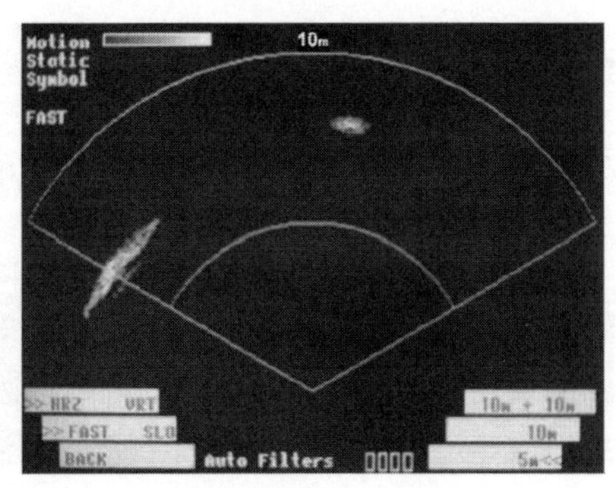

图 6.7　SV2000A1 外形照片及其探测结果

参考文献

[1] Camp W W, Mayhan J T, O'Donnell R M. Wideband Radar for Ballistic Missile Defense and Range－Doppler Imaging of Satellites[J]. Lincoln Laboratory Journal, 2000, 2(12): 267－280.

[2] 史仁杰. 雷达反导与林肯实验室[J]. 系统工程与电子技术,2007,11(29):1781 - 1799.

[3] Sarcione M, Mulcahey J, Schmide D, et al. The Design, Development and Testing of the Thaad(Theater High Altitude Area Defense) Solid State Phased Array (Formerly Ground Based Radar)[C]. IEEE International Symposiumon Phased Array Systems and Technology, Boston, USA, 1996:260 - 265.

[4] 夏喜旺,荆武兴,李超勇,等. 美国地基中段防御系统部署及作战分析[J]. 现代防御技术,2008,6(36):11 - 18.

[5] Tolkachev A, Makota V, Pavlova M, et al. A Large - Apertured Radar Phased Array Antenna of Ka - Band[C]. Proceedings of the XXVIII Moscow International Conference on Antenna Theoryand Technology, Moscow, Russia, 1988:15 - 23.

[6] A Source Book for the Use of the Fgan Tracking and Imaging. Radar for Satellite Imaging [OL]. http://www.fhr.fgan.de/fhr/fhr_en.html.

[7] 周万幸. ISAR 成像系统与技术发展综述[J]. 现代雷达,2012:9(34):1 - 7.

[8] 冯小波. 宽带毫米波雷达导引头实时信号处理系统与实现[D]. 北京:北京理工大学,2007.

[9] 贺志毅. 合成宽带毫米波雷达导引头的理论及实现[D]. 北京:航天科工集团第二研究院二十五所,2002.

[10] Swarter P H. Design of a Miniaturized W - Band Seeker for Application in an Endoatmospheric Interceptor[C]. 2nd Annual AIAA and SDIO Interceptor Technology Conference, Albuquerque, USA, 1993.

[11] Schwerdt C B, Powell N F, McClure J D, et al. Some Technological Innovations in MMW Seekers for Endoatmospheric Interceptors[C]. 2nd Annual AIAA SDIO Interceptor Technology Conference, Albuquerque, USA, 1993:8.

[12] 王子滨, 李辉. 美国大气层内轻型射弹导引头技术跟踪研究[J]. 战术导弹技术,1997,4:23 - 33.

[13] Hughen J H, Killen G A. Advanced Technology MMW Seeker Testbed, A Multi - Technology Demonstration Sensor[C]. International Society for Optics and Photonics, Orlando, USA, 1989:196 - 203.

[14] 曲世勃. 地基 SAR 区域形变信息提取方法研究[D]. 北京: 中国科学院研究生院, 2010.

[15] Touzi R, Lopes A, Bruniquel J, et al. Coherence Estimation for SAR Imagery[J]. Geoscience Remote Sensing IEEE Transaction on, 1999, 37(1):135 - 149.

[16] Singhroy V, Molch K. Characterizing and Monitoring Rockslides from SAR Techniques [J]. Advances in Space Research 2004, 33(3):290 - 295.

[17] Luzi G Ground Based SAR Interferometry: A Novel Tool for Geoscience[M]//Geoscience and Remote Sensing New Achievements. INTECH Open Access Publisher, 2010.

[18] Leva D, Nico G, Tarchi D, et al. Temporal Analysis of a Landslide by Means of A Ground – Based SAR Interferometer[J] IEEE Transactions on Geoscience and Remote Sensing 2003,41(4):745 – 752.

[19] Pipia L, Fabregas X, Aguasca A, et al. Atmospheric Artifact Compensation in Ground – Based Dinsar Applications[J]. IEEE Geoscience and Remote Sensing Letters, 2008, 5(1): 88 – 92.

[20] Noferini L, Pieraccini M, Mecatti D, et al. DEM by Ground – Based SAR Interferometry [J]. IEEE Geoscience and Remote Sensing Letters 2007, 4(4):659 – 663.

[21] Cumming I G, Wong F H. Digital Processing of Synthetic Aperture Radar Data: Algorithms and Implementation[M]. Norwood: Artech House, 2005.

[22] Ferretti A, Prati C, Rocca F. Nonlinear Subsidence Rate Estimation Using Permanent Scatterers in Differential SAR Interferometry[J]. IEEE Transactions on Geoscience and Remote Sensing 2000, 38(5):2202 – 2212.

[23] Hooper A, Zebker H, Segall P, et al. A New Method for Measuring Deformation on Volcanoes and Other Natural Terrains Using Insar Persistent Scatterers[J]. Geophysical Research Letters, 2004, 31(23):1 – 5.

[24] Kampes B M, Hanssen R F. Ambiguity Resolution for Permanent Scatterer Interferometry [J]. IEEE Transactions on Geoscience and Remote Sensing 2004, 42(11): 2446 – 2453.

[25] Luzi G, Pieraccini M, Mecatti D, et al. Ground – Based Radar Interferometry for Landslides Monitoring: Atmospheric and Instrumental Decorrelation Sources on Experimental Data [J]. IEEE Transactions on Geoscience and Remote Sensing, 2004, 42(11):2454 – 2466.

[26] Rödelsperger S, Läufer G, Gerstenecker C, et al. Monitoring of Displacements with Ground – Based Microwave Interferometry: IBIS – S and IBIS – L[J]. Journal of Applied Geodesy 2010, 4(1): 41 – 54.

[27] 金文．场面监视雷达的应用与发展[J]．中国民用航空，2011(9):48 – 48.

[28] 赵海波，董昀．“场面监视雷达系统在浦东国际机场的应用[J]．民航经济与技术，1999(2): 48 – 50.

[29] 沈杰，彭光梅，晏勇．一种机场场面监视雷达的设计考虑[J]．科技创新导报，2013(28):82 – 83.

[30] Pedersen J C. Scanter 5000 and 6000 Solid State Radar: Utilisation of the Scanter 5000 and 6000 Series Next Generation Solid State, Coherent, Frequency Diversity and Time Diversity Radar with Software Defined Function Ality for Security Applications[C]. 2010 International Waterside Security Conference, Carrara, Italy, 2010: 1 – 8.

[31] Brochure SMR. Indra WebSite[OL]. 2008. http://www. indracompany. com.

[32] Baranoski E J. Through – Wall Imaging: Historical Perspective and Future Directions[J]. Journal of the Franklin Institute 2008, 345(6):556 – 569.

[33] Le C, Dogaru T, Nguyen L, et al. Ultrawideband (UWB) Radar Imaging of Building

Interior: Measurements and Predictions[J]. IEEE Transactions on Geoscience and Remote Sensing 2009,47(5): 1409 - 1420.

[34] Dogaru T,Le C. SAR Images of Rooms and Buildings Based on FDTD Computer Models [J]. IEEE Transactions on Geoscience and Remote Sensing 2009,47(5):1388 - 1401.

[35] Browne K E, Burkholder J R, Volakis J L. Through - Wall Opportunistic Sensing System Utilizing aLow - Cost Flat - Panel Array[J]. IEEE Transactions on Antennas and Propagation,2011,59(3):859 - 868.

[36] Cambridge Consultants Website[OL]. http://www. cambridgeconsultants. com/prism.

[37] Time Domain Website[OL]. http://www. timedomain. com.

主要符号表

$*$	复共轭
$\lceil \cdot \rceil$	取整运算
a_i	径向加速度
B	信号带宽
$C(F,n)$	由多普勒模糊产生的相位项
c	信号在空间的传播速度,即光速
f_0	中心频率
f_{H}	信号的上限频率
f_{L}	信号的下限频率
f_{s}	采样率
k	线性调频斜率
P_{fa}	虚警概率
R	径向距离
R_0	初始距离
T_N	频率步进周期
T_{c}	相参处理周期
T_{p}	脉冲宽度
T_{s}	系统噪声温度
t	信号传播时间
v	目标径向速度
τ	双程传播时延,脉冲宽度

ω_c	信号载频
ω_d	多普勒频率
Δf	频率步进阶梯
$\Phi_1(\omega)$	平方律相位谱
$\Phi_2(\omega)$	残余相位谱

缩略语

ADC	Analog to Digital Converter	模/数转换器
AIT	Atmosphere Intercept Technology	大气层拦截器技术
ATMMWST	Advanced Technology of Millimeter Wave Seeker Test	毫米波导引头先进技术测试
BBC	British Broadcasting Corporation	英国广播公司
BMD	Ballistic Missile Defense	弹道导弹防御
BPA	Back Projection Algorithm	反向投影算法
CAMBR	Common Aperture Multi – Band Radar	共口径多波段雷达
CFAR	Constant False Alarm Rate	恒虚警率
DARPA	Defense Advanced Research Projects Agency	美国国防预先研究计划局
DDS	Direct Digital Synthesize	直接数字频率合成
DFT	Discrete Fourier Transform	离散傅里叶变换
DRFM	Digital Radio Frequency Memory	数字射频存储
ECCM	Electronic Counter – Countermeasures	电子反干扰
ECL	Emitter Coupled Logic	发射极耦合逻辑
EM	Expectation Maximization	期望最大化(算法)
Fast GBSAR	Fast Ground Based Sythetic Aperture Radar	快速地基合成孔径雷达
FBX – T	Forward Based X – band Transportable	前向 X 波段便携式
FCC	Federal Communications Commission	美国联邦通信委员会

FFT	Fast Fourier Transform	快速傅里叶变换
FIR	Finite Impulse Response	有限长单位冲击响应
FMCW	Frequency Modulation Continuous Wave	调频连续波
GBR	Ground Based Radar	地基雷达
GLRT – DT	Generalized Likelihood Ratio Test – Double Threshold	双门限广义似然比检测
GPS	Global Positioning System	全球定位系统
HPRF	High Pulse Repetition Frequency	高脉冲重复频率
HRR	High Ranging Resolution	高距离分辨
HRRP	High Resolution Range Profile	高分辨距离像
ICAO	International Civil Aviation Organization	国际民航组织
IDFT	Inverse Discrete Fourier Transform	逆离散傅里叶变换
IFFT	Inverse Fast Fourier Transform	逆快速傅里叶变换
IP	Internet Protocol	网络之间互联的协议
ISAR	Inverse Sythetic Aperture Radar	逆合成孔径雷达
ISL	Integrated Side Lobe	积分旁瓣电平
KDA	Keystone Dechirp Algorithm	基于 Keystone 变换的去斜处理算法
LFM	Linear Frequency Modulation	线性调频
LFMCW	Linear Frequency Modulation Continuous Wave	线性调频连续波
LPI	Low Probability of Interception	低截获概率
LPRF	Low Pulse Repetition Frequency	低脉冲重复频率
MESAR	Multifunctional Electronically Scanned Array Radar	多功能电子扫描自应适雷达
MIT	Massachusetts Institute of Technology	麻省理工学院
MTD	Moving Target Detection	动目标检测

MTI	Moving Target Indicator	动目标显示
MUSIC	Multiple Signal Classification	多重信号分类
NMD	Nation Missile Defense	导弹防御系统
OTTD	Optical True Time Delay	光实时延时线
PCSF	Phase Coded Stepped Frequency	相位编码频率步进
PD	Pulse Doppler	脉冲多普勒
PDR	Phase Derived Ranging	相位导出测距
PLL	Phase Locking Loop	锁相环
PRF	Pulse Repetition Frequency	脉冲重复频率
PRT	Pulse Repetition Time	脉冲重复周期
PS	Permanent Scatterer	永久散射体
PSL	Peak Side Lobe	峰值旁瓣电平
RCS	Radar Cross Section	雷达散射截面积
ROC	Receiver Operating Characteristic	接收机检测特性
RSTER	Radar Surveillance Technology Experimental Radar	雷达监测技术实验雷达
SAR	Sythetic Aperture Radar	合成孔径雷达
SBX	Sea Based X Band	海基 X 波段
SDD – GLRT	Scatterer Density Dependent Generalized Likelihood Ratio Test	散射密度广义似然比检测
SFDR	Spurious Free Dynamic Range	无杂散动态范围
SMR	Surface Movement Radar	场面监视雷达
SNR	Signal to Noise Ratio	信噪比
SRD	Step Recovery Diode	阶跃恢复二极管
SSR	Slope Stability Monitoring Radar	边坡稳定性监测雷达
Synthetic HRRP	Synthetic High Resolution Range Profile	合成高分辨力距离像
THAAD	Terminal High Altitude Area Defense	末段高空区域防御

TIRA	Tracking and Imaging Radar	地基跟踪成像雷达
TRADEX	Target Resolution and Discrimination Experiment	目标分辨和识别试验
TTD	True Time Delay	实时延时线
TWI	Through Wall Imaging	穿墙成像
UHF	Ultra High Frequency	特高频
UWB	Ultra Wide Band	超宽带
WBER	Wideband Envelope Ranging	宽带包络距离估计
WGN	White Gaussian Noise	高斯白噪声
XBR	X Band Radar	X 波段雷达

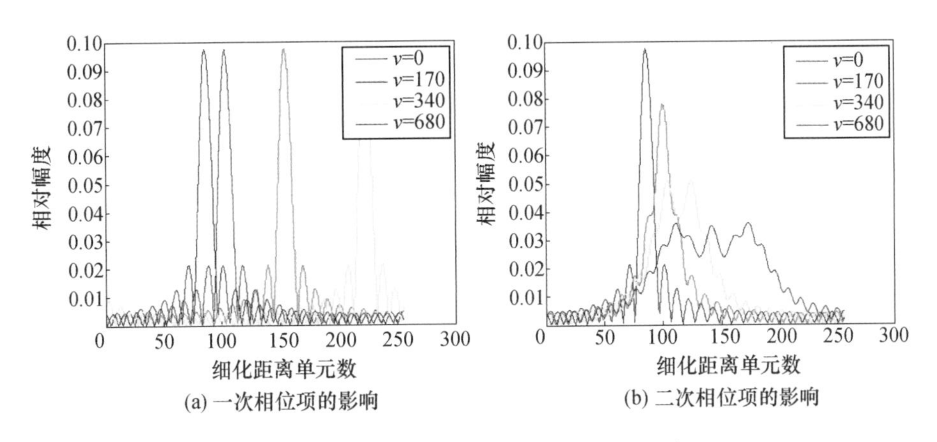

图 2.11　一次相位项和二次相位项的影响

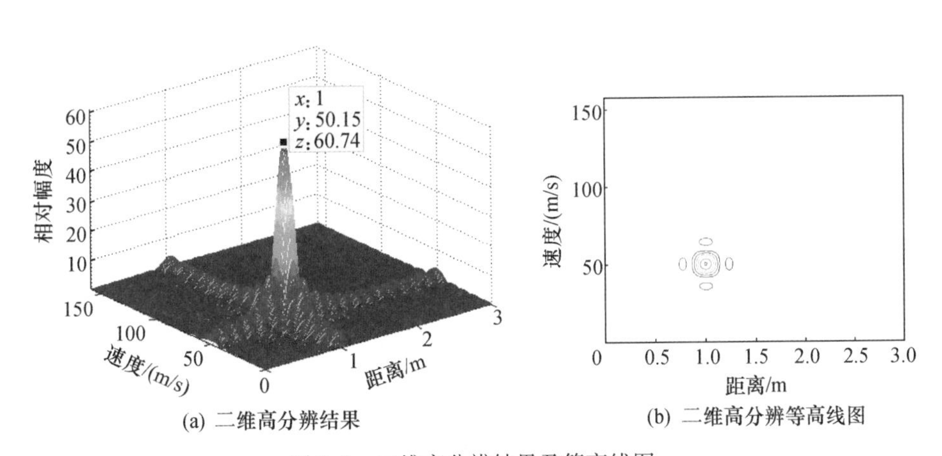

图 3.5　二维高分辨结果及等高线图

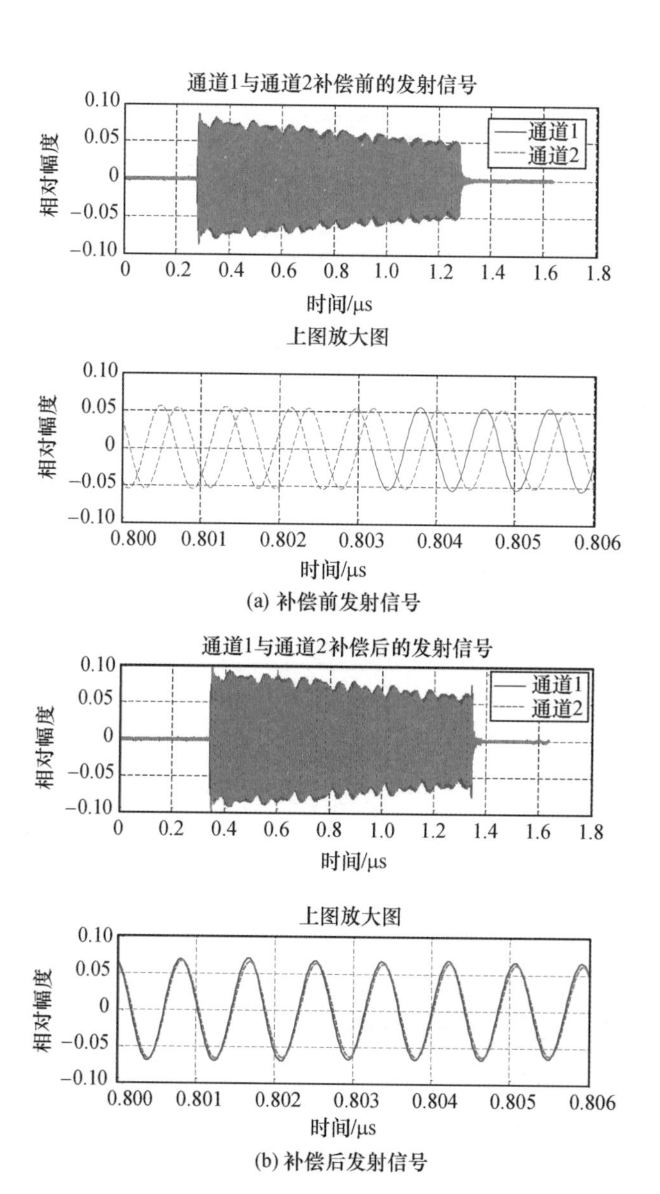

图 3.10　基于数字调制的子阵发射信号时延精确补偿实验结果

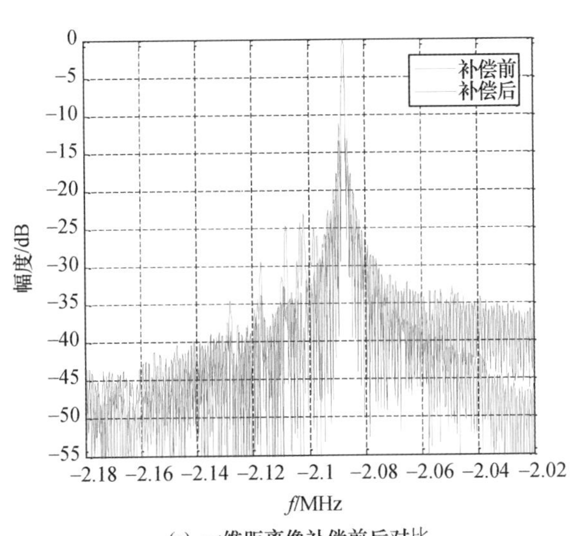

(a) 一维距离像补偿前后对比

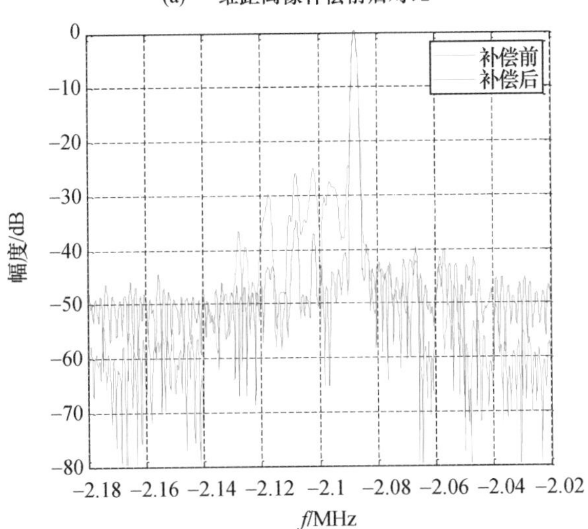

(b) 一维距离像(加窗)补偿前后对比

图 3.14　幅相补偿前后数字去斜结果对比

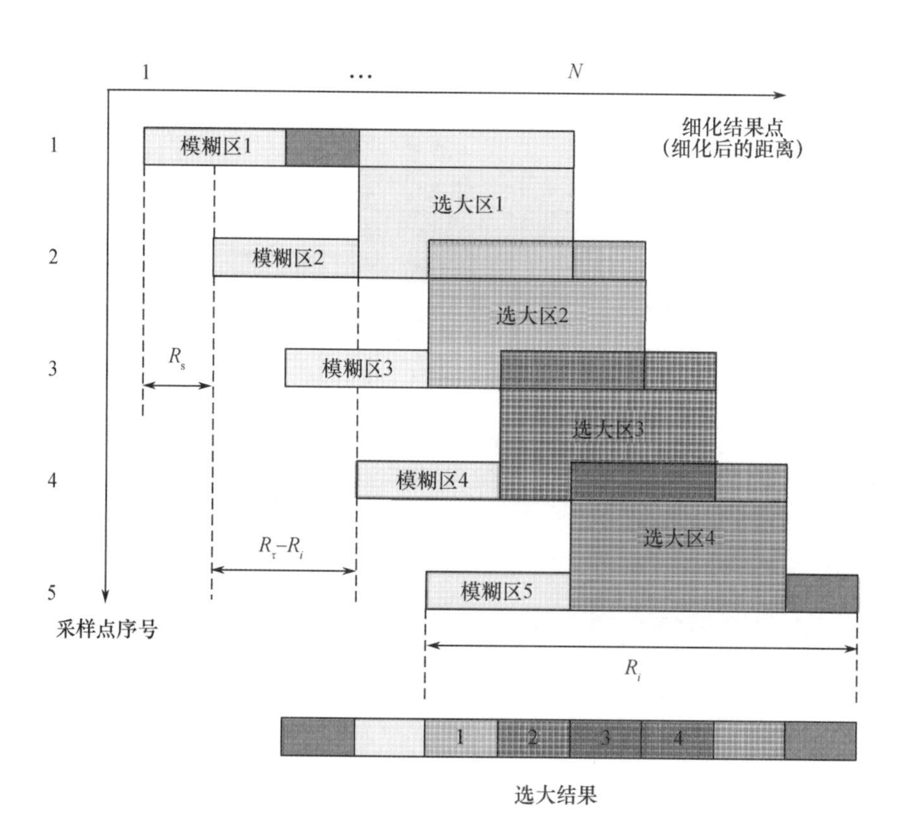

图 4.3　同距离选大法示意图

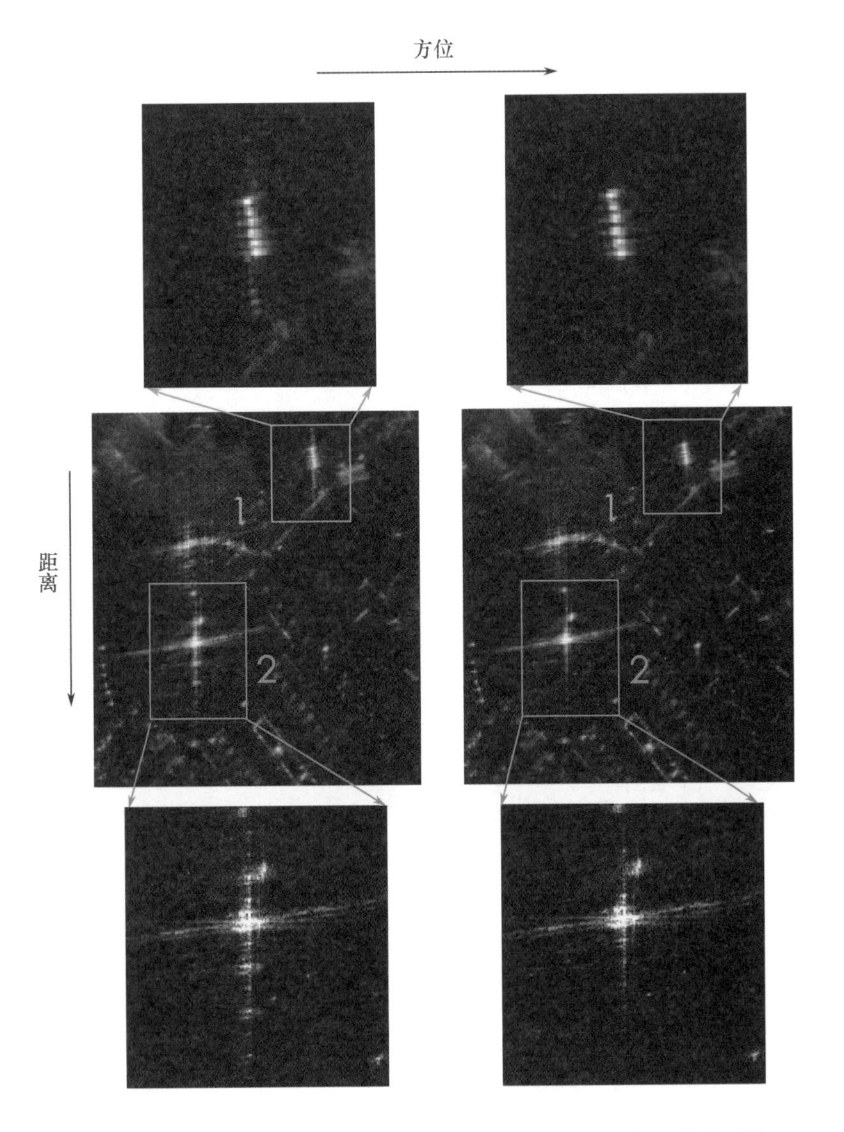

图 4.13　频率步进 SAR 在距离向栅瓣抑制前后的二维高分辨力图像

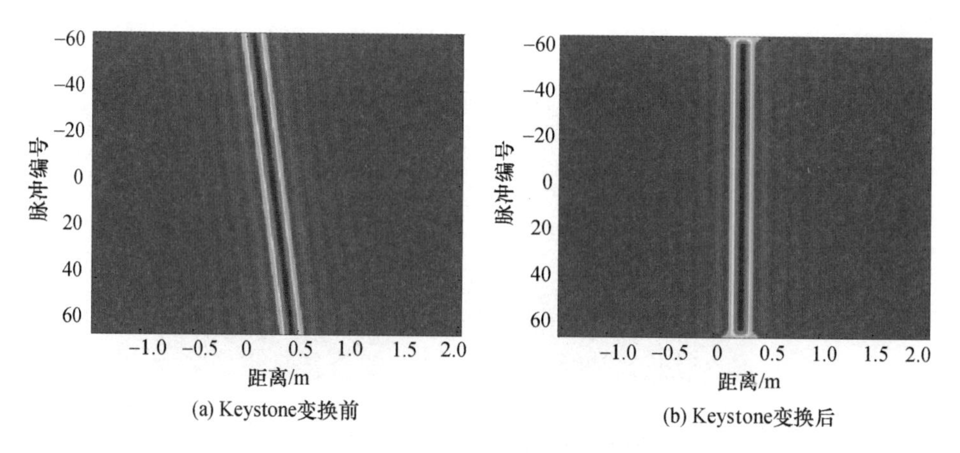

图 5.2 Keystone 变换前后的回波距离走动情况

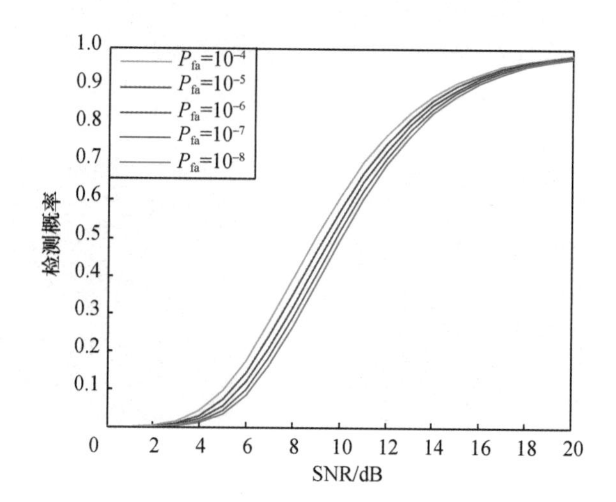

图 5.7 窄带检测性能分析工具:检测特性曲线

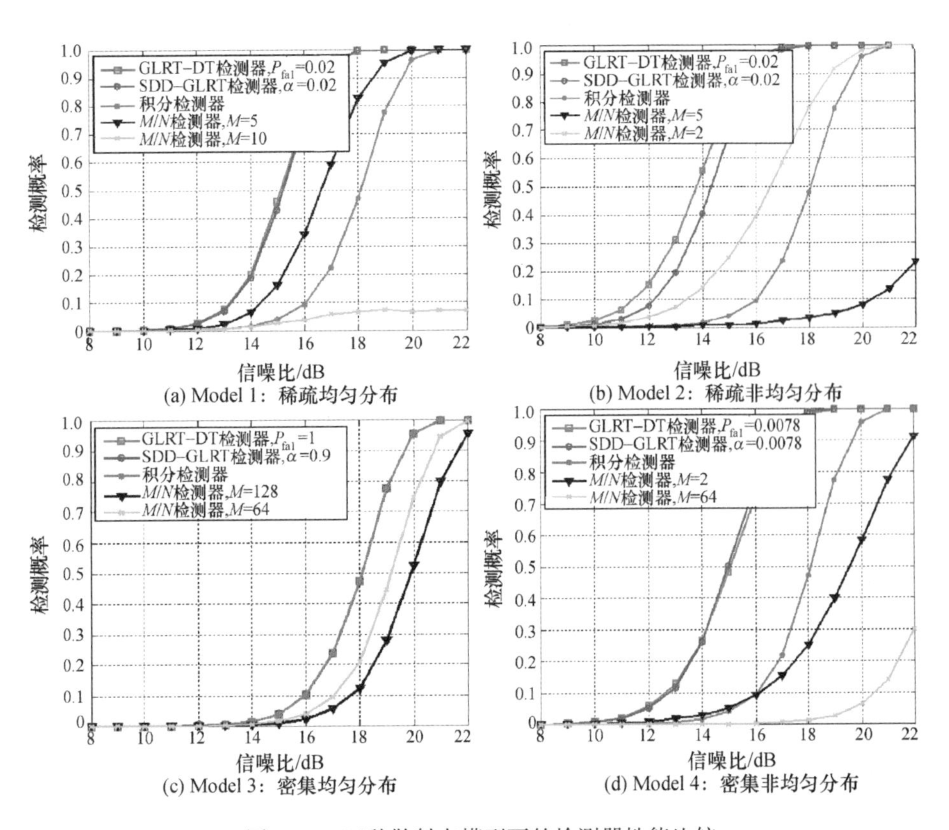

(a) Model 1：稀疏均匀分布 (b) Model 2：稀疏非均匀分布

(c) Model 3：密集均匀分布 (d) Model 4：密集非均匀分布

图 5.10　四种散射点模型下的检测器性能比较

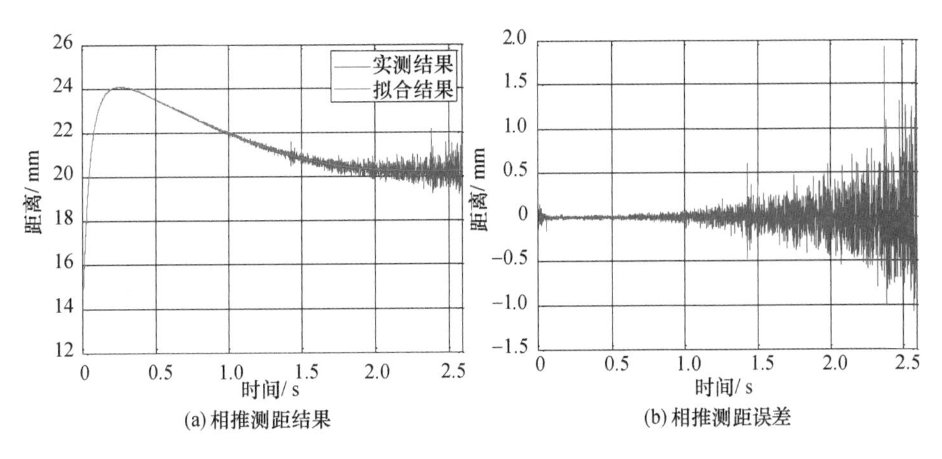

(a) 相推测距结果 (b) 相推测距误差

图 5.28　相邻距离变化量测量结果与测量误差示意图

彩 / 8

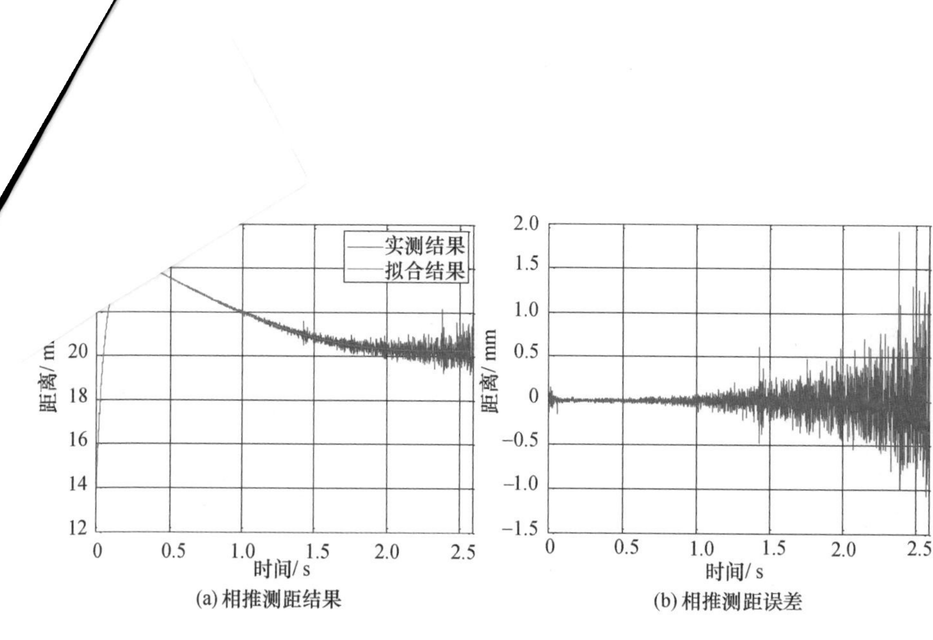

图 5.29　相位导出测速结果

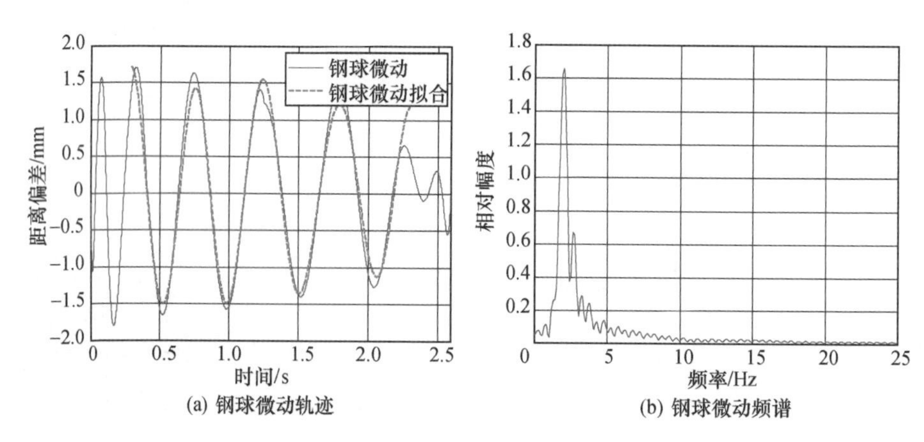

图 5.31　钢球微动轨迹与微动频谱示意图——序列 28 数据